文庫

花物語

続植物記

牧野富太郎

筑摩書房

目次

序

本書は前篇『植物記』に次いでの『続植物記』である。そしてその内容はともに同趣で何ら変わったことはない。『植物記』と同様、諸賢の御愛読をかたじけのうすれば、著者の光栄これに過ぐるものはありません。

私はなるべく平易な文章をもっていろいろ学問上の事実を読者に伝えたいとは前々からの宿願である。かなりむつかしい科学上の事柄でも、行文さえうまければ必ず了解のできるように仕向けることはそう難事ではないと信ずる。私はなるべく軟らかい筆致で堅い事柄を説明してみたいのです。ところが私は生来文章が下手だから、思いはそこにあってもこれを達することはどうだかと心配するが、しかし止《や》むべきでもないので筆を呵《か》し、本篇ではセ一ッパイそうすることにつとめてはみたが、どうもろくなものにならんことを読者諸君に御詫びをせねばならない。

せめてものことには、篇中に啓蒙的あるいは啓発的な記事がないでもない事実である。すなわちこれだけが我が誇りとするところ、また取り得とするところであるといえば言えないことはない。
　私はいろいろの間違ったことが殊《こと》に気になる性分で、学問上での事実の誤謬に至っては決して雲煙過《うんえんか》眼《がん》視せずに必ず訂《てい》さにゃ止まない慨がある。ゆえにそんな閃《ひらめ》きが篇中のそこここに看取せられるであろう。ウン、誤謬と言えばジャガイモを馬鈴薯と書くほど誤謬のはなはだしいものはない。またキャベツすなわちタマナを甘藍と書くほど誤謬のはなはだしいものはない。これらは今日イの一番にその謬見僻説《びゅうけんへきせつ》を打破し粉砕せねばならない。いつまでもその間違った名称に執着してヘチカンスを放言している昨非を改悛し得ない人は恥ずかしいということを知らん者だ。今その間違いを知りたい希望の御方にはいつでも快く御答えしましょう。

結網学人　牧野富太郎　のべる

花物語

続植物記

私の送った郷里のサクラ

高知県土佐国高岡郡佐川町は私の生まれ故郷で、そこは遠近の山で囲まれ春日川の流れを帯びた一市街であって、市外は田疇が相連なっている。この地、明治維新前は国主山内侯の特別待遇を受けていた深尾家一万石領地の核心区であった。したがって士輩の多いところで、自然に学問が盛んであった。この地よりの近代出身者はまず宮内大臣たりし田中光顕氏、貴族院議員たりし古沢滋《うろう》氏（旧名迂郎）、侍従たりし片岡利和氏、県知事たりし井原昂氏、大学教授たりし工学博士広井勇氏、同じく法学博士土方寧氏、その他医学博士山崎正董氏などその重だったもので、その他なお人材は少なくなく、博士の肩書をもつ者、上の広井、土方の他になお五人ほどもある。昔は「佐川山分学者あり」と評判せられた土地で、当時は名教館《めいこうかん》と称する深尾家直轄の学校があってもっぱら儒学を教え、したがって儒学者が多かった。

この佐川町の中央のところからちょっと町を南へはいった場処を奥の土居と称する。東西と南の奥とは山をもって限っている小区域で、奥の方から一つの渓流が流れ出ている。

その西側の山に傍《そ》うて一寺院があって、これを青源寺と称える。土地では由緒ある有名な古刹《こさつ》でその後は森林鬱蒼《うつそう》たる山を負い、前は彼の渓流ある窪地を下瞰《かかん》している。寺前ならびに寺下の地は昔から桜樹の多いところで、その種は皆いわゆる山ザクラである。

昭和十二年〔一九三七〕を距《へだた》る三十五年前の明治三十五年。当時まだ、東京に多く見るソメイヨシノの桜が土佐にはなかったので、私は右の年にその苗木数十本を土佐へ送り、その一部を高知五台山（今、同山竹林寺の庭に存在している数本がその中の遺《のこ》りであるが、今日同寺の僧侶たちは一向に該樹の由来を識《し》らぬようだ。これはそのかみ同寺の住職船岡芳信師が私の送ったのを植えたものである）に、またその一部を我が郷里の佐川にも配った。当時佐川にいた私の友人堀田孫之《よりゆき》氏がこれを諸処に頒《わか》ち、その中の若干本を右の奥の土居へ植え、従来ありしヤマザクラと伍せしめた。

それが年を逐《お》うて生長し、三十五年を歴《へ》た今日ではすでに合抱の大木となり、毎年四月には枝を埋めて多くの花を着け、ヤマザクラとともに競発して殊《こと》に壮観を呈する。すなわちそれはここに掲げた写真*の通りで、その中央に聳立《しょうりつ》しているものがそのソメイヨシノの一である。樹下に腰掛けているのが拙者で、これは四月に紀念のため撮影したものである。

今日、この奥の土居は佐川町にあって一の桜の名所となってその名が四方に聞こえ、ちょうど同町は高知から須崎港に通ずる汽車の一駅（佐川駅）に当たっているので、花時には観桜客が遠近から押しかけ来《きた》り、雑沓を極め、臨時にいろいろの店や掛茶屋ができ、また大小のボンボリを点《とも》し、花下ではそこここに宴を張って大いに賑わい、夜に入れば夜桜を賞し深更に及ぶまで騒いでいる。

私は私の送った桜がかくも大きくなり、かくも盛んに花が咲くに拘わらず、いつもその花を観る好機を逸し残念に思っていたが、ついに意を決し昭和十一年四月久しぶりで帰省し、珍しくもはじめてその花見をした。そしてつらつら樹を望んで、かつて我が送りし桜樹がかくも巨大に成長したのを喜ぶと同時に、われはその樹齢と併行してまさに三十余年を空過し、樹はかくのごとく盛んに花を放《ひら》けどわれは一事の済すことなく徒《いたずら》に年波の寄するを歎じ、どうしても無量の感慨を禁ずることができなかった。

しかし幸いに私の心づくしのこの樹がかくも能《よ》く成長して花を開き、幾分かでも花見客を引き寄せるために我が郷里を賑わす一助にもなっていれば、これこそそれを往時に送った意義があったというべきもので、真に幸甚の至りである。そこで花見客に与うるために土地の友人の需《もと》めに応じて左の拙吟《せつぎん》をビラとなし、これをみなに唄わしていささか景気を付ける一助とした。

歌ひはやせや佐川の桜
町は一面花の雲

匂ふ万朶の桜の佐川
土佐で名高い花名所

ついでに言うが、従来我邦のサクラへ桜の字を使用していれどこれは実は誤りで、我がサクラには漢字で書くべき字は一切ない。元来桜は支那の桜桃のことで、赤い実が生《な》り、それが食用になるものである。ゆえに和名でこれを支那実ザクラ、あるいは単に実ザクラとも称する。サクラは日本産の植物で支那にないから、したがって支那名すなわち漢名のあろうはずがない。往時の学者は桜桃をユスラウメと思っていた。それは無論間違いであったが、しかし明治の初年頃まではそうなっていた。

今日市場へ出るサクランボをオウトウ（オートー）と呼ぶのも元来間違いで、この名は支那の桜桃から来たものではあれど、その種類は桜桃とは全く別のものである。すなわち西洋種で東洋に産しない。ゆえにこれをオウトウと呼ぶのは極めて悪いが、どうも今日ではそれが普通称となっていて困ったものである。植物学界ではこれを西洋実ザクラと称えて、オウトウなんどという間違った悪名では呼んでいない。

英語の Cherry を我国のサクラの名とするのもよろしくない。もしサクラを西洋語でいいたければよろしく Japanese Flowering Cherry とすべきであって、アメリカなどではまさにその通り書いている。日本でこんな間違いをしているのは梅である。すなわち梅を能《よ》くPlumと書いてあれど、元来Plumは西洋スモモのことで、梅ではない。梅を西洋語で書く時はJapanese Apricotとするのである。

〔補〕Plumは元来西洋李のことであるが、それを梅だとはもとより誤りである。そしてかくPlumを梅だと言い出したもとは我邦の蘭学者の中にもあった。すなわち今から百四十五年前の寛政十年〔一七九八〕に発行になった葛質の『蛮語箋』にPlum tree なるPruim boomを梅としてある。そうかと思うとその後安政二年〔一八五五〕に出版せられた桂川甫周の『和蘭字彙』には李(実は本当の李すなわちスモモではなく、正しくは洋李とすべきである)としてあって梅とはない。英学者もはじめはまず正しく李としていたが、後には梅とするようになった。西洋人も往々梅をPlumと誤称している。私は以前井上十吉氏に注意したことがあって、同氏の英和辞書には後にPlumを梅とすることを訂正してこの訳字を省いたことがあった。

〔編集部注〕＊　原本掲載の写真はあまりにも画像が荒れていて図柄の判別がつかないため、文庫化にあたりやむなく割愛しました。

崋山地下で泣く

昭和十六年〔一九四一〕の四月二十五日に、書物展望社で発行になった西村貞氏の『日本銅版画志』が広告に出ていたのを見た。私も銅版には多少趣味を持っていないでもないので、そこでその書を購求し、大変面白くそれを繙読《はんどく》した。読んでいくうちにその三十一頁に於いて左のごとく書いてある文章に出逢った。すなわちそれは、

高野長英《ちょうえい》が、天保七年〔一八三六〕、飢饉相次ぎ餓莩途《がひょうみち》に充つるのさまに憂憤禁ずる能《あた》わず、慨然筆をとって、救荒備凶の一助ともならしめんものと、蕎麦と馬鈴薯の栽培を詳述した『救荒二物考《きゅうこうにぶつこう》』の一書は、明治十六年〔一八八三〕、群馬県勧業課の発刻となって刊行をみているが、同書所載の銅版馬鈴薯図が渡辺崋山の原画になれるところを見ると、崋山すらも天保丙申《ひのえさる》年のころでは銅版術を試みんとする意図をもっていたことが知られる

である。

しかるに渡辺崋山《かざん》が瑞皐《ずいこう》高野長英のために彼自身親しく『二物考』に筆を執って描いた原画そのものは、全く木版の彫刻に付された図で、それは決して銅版の原画ではなかったのである。すなわちその証拠は昭和十六年を距《へだた》る百五年前の天保七年丙申の歳に「新鐫《しんせん》」と銘打ち、太観堂蔵板として出版せられたその『二物考』の原刻本を閲《けみ》せばそれがすぐに判明する。

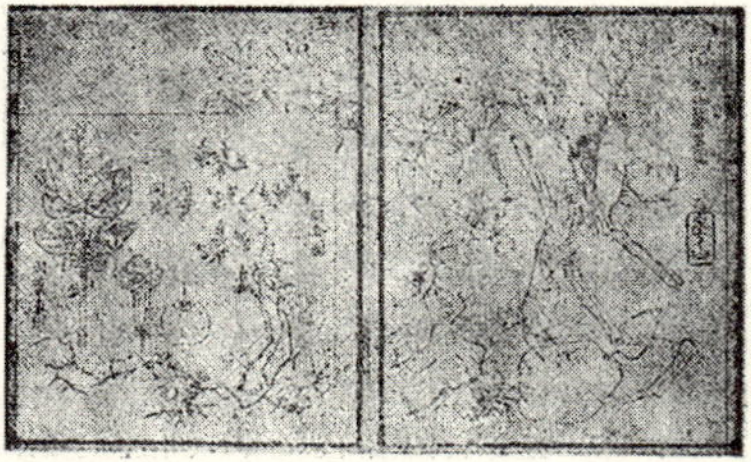

『二物考』原刻本の馬鈴薯の図（木版）縮小

明治十六年四月十七日に群馬県勧業課でその課の蔵版として出版した『二物考』は、これはその本の奥に記してあるように全く翻刻本であって『銅版画志』の著者の言うような「発刻」本ではないのである。すなわち原刻（半紙本、紙数二十枚）の『二物考』を翻刻（美濃紙版の木版にて）し、巻頭新たにこれに加うるに、明治十五年七月と署した当時の群馬県令楫《か》取素彦《とりもとひこ》氏の追序文をもってしている。

すなわちこの翻刻本の馬鈴薯の図が銅版となっているのだが、これは何ら崋山の預かり知らぬものであって、翻刻者が勝手に銅版彫刻とし、原図にはなき陰影をことさらにそれに施して拙劣な画となし、一には崋山の筆意を潰《け》がし、一には

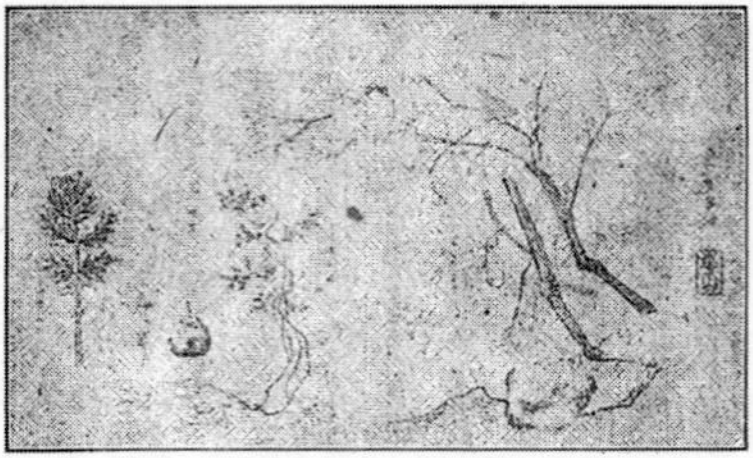

『二物考』翻刻本の馬鈴薯の図（銅版）縮小

図傍にある崋山の印章を摸刻して大いに崋山の面目を失わしめているのである。すなわち右に掲げた両図を対比すればすなわち容易にその図柄が分かり、すなわちこの銅版図は崋山の原画とはその画風の異なっていることがただちに看取せられるのである。これは「そんな図は知らんと崋山地下で泣き」であろう。要するに崋山と銅版とは何らの因縁も関係もなかったのである。

著者は、「崋山が天保の年に描いておいたものが、明治十六年に至って創《はじ》めて群馬県の勧業課で発刻となって刊行をみている」として書いていられるが、これは疑いもなく著者の不用意なる臆断である。なんとならばそれはすでに前に明らかにした通り、その書は群馬県の「発刻」ではなくて単に翻刻であるからである。惟《おも》うに著者は、その著書の性質から推し考えてみると、いわゆる考証のことには無論長《た》けていられるに相違ないと想像するに難くないが、しかし右の一事は惜しむらくは著者がその『二物考』の原刻本を見られていなかったばっかりに、この尊重すべき大著の白壁上へホンのチョッピリではあるが、一点の春泥を留めたようになっているのは誠に残念至極である。私は無論この一些事のゆえをもって本書の軽重を云為《うんい》するものでは決してないが、希《ねがわ》くは後日再版を行うの時に際してはただちにその汚点を拭い去って、崋山の面目を立ててやられんことを悃請《こんせい》したいと念じている次第である。臆面もなく妄言を弄し多罪多罪。

ちなみに言う、ジャガタライモ（ジャガイモ）を従来世間一般に馬鈴薯というのはこの上もない間違いで、これは昔の一学者に騙されて世人が馬鹿を見ているのである。このように馬鈴薯は決してジャガイモではないのであるから、世人は断乎としてこの悪名を使わないように心掛くべきである。そしてこれはジャガイモとカナで書けばよろしい。もしも漢字を用いたければ爪哇芋とすればよいので、すでに具眼な先輩学者は疾《と》くもそう書物に書いているのである。支那ではジャガイモを洋芋といい、また陽芋とも書き、また一に荷蘭薯ともいわれているが、これは佳《よ》い名である。馬鈴薯は元来支那の土産植物の名であるから、舶来植物であるジャガタライモの名とはなり得ないが当然である。また馬鈴薯の原記載は「馬鈴薯ハ葉ハ樹ニ依テ生ズ、之《こ》レヲ掘リ取レバ形チ小大アリテ略《ほ》ボ鈴子ノ如ク、色ハ黒クシテ円ク味ハ苦甘シ」であるが、これに由《より》て観《み》れば、この馬鈴薯なるものは茎は蔓で樹に依りすがって登り、根の色は黒く、その味は苦甘《にがあま》いものであるので、ジャガイモとは全然一致していなく、むしろホドイモを髣髴《ほうふつ》させるものである。すなわちジャガイモの茎は決して蔓ではなく、また樹に依りて上ってはいない。また根の色は黒くなく、その味は苦みも甘みもない。そしてこの馬鈴薯はただ福建省の北部地方の松渓県内のみに産するといわれているもので、今誰もその実物を知った者なく、一向得体の分らぬ植物である。

〔補〕世の中を指導する立場にある人は、その指す物の名称を正しく言って世人に教うる責任がある。にも拘わらず上に立つこれらの人々が臆面もなく間違った名を公言して憚からないのは、我が文化のためまことに残念であるばかりでなく、いつまでも世人を駆って誤称をあえてせしめるのはまた一種の罪悪であるともいえる。例えばジャガイモを馬鈴薯といい、甘藍《かんらん》をキャベツ（タマナ）と呼ぶの類は、よろしくその無学かつ無自覚な放言を慎しむべきである。

ハゼノキの真物

元来我が日本で、ハジノキ、すなわちハゼノキといったものは、今日植物学界でハジノキ、すなわちハゼノキと呼んでいるものではなく、これは同じく、我が植物学界で今ヤマハゼと称《とな》えているものである。畢竟《ひっきょう》このヤマハゼなるものが実は本当のハジノキ、すなわちハゼノキであらねばならない。

このヤマハゼなるハゼノキは、我が邦の固有種であって諸州の山地にその野生品が見られ、普通俗間でも実際にこれをハゼともハゼノキとも呼んでいる。そしてこれぞ古《いにし》えのいわゆるハニシである。この樹はその心材が黄色だから昔のある時代にはそれで天子の御衣を染めたことがあった。すなわちいわゆる黄櫨染《おうろせん》である。

我が邦では昔支那の黄櫨を我がハゼノキ、すなわちハジノキ、古名ハニシに充《あ》てたことがあった。ズットのちの徳川時代になって、この黄櫨はハゼノキとは違っているということに学者が気附いたのであるが、しかしなお今日でもその遺臭が残っていて、ハゼノキに通常櫨の字が用いられてあるが、これはよろしく廃すべきものである。なんとならばこの櫨はすなわちかの黄櫨の略せられたものであるからである。そして黄櫨がハゼノキでないとすれば、櫨もまた当然ハゼノキではない理窟ではないか。

黄櫨という植物はやはりハゼノキ科のものではあれど、その葉は単葉で対生し、我がハゼノキなどの羽状複葉のものとは全く違ったものである。そしてもとは Rhus Cotinus L. の学名を有していたが、今は別れて Cotinus なる別の属となってその学名 Cotinus Coggygria Scop. と改まっている。そして今我が日本へもその生本が来ている。

ハゼノキの漢名はたぶん野漆樹であろうと思う。そしてそれの学名は Rhus sylvestris Sieb. et Zucc. である。ヤマハゼはその一名であるが、こんな名は前にはなかったようである。

今日一般にハゼ、またはハゼノキといっているものは、実はリュウキュウハゼといわねばならないのである。この樹は元来日本の産ではなく、徳川時代に製蠟用のため、琉球から取寄せて作り始めたものである。爾来それが邦内の諸国に拡まり、今日では到るところで普通に見受けることとなっている。そして元来は上のように栽植品ではあれど、その実を鳥が食ってその糞を山林へ放下するため、主として海辺近くの山林中に能《よ》くその自生を認める。しかしこれはもとより本来の野生ではないのである。

このリュウキュウハゼという名は長たらしくて言うに不便なため、ジャガタライモをジャガイモというように、それがいつとはなしに採蠟者などにハゼと略せられて呼ばれるようになり、その実をハゼの実と称え、ついにその称呼が通名のようになり、延《ひ》いて世間の学者までがこれに巻き込まれて、それをハゼノキの本物のように誤認するに至ったものである。

このリュウキュウハゼは、蠟を採るに、その実が優秀なので歓迎せられ、したがって速やかにその樹が諸州に伝播したのである。そうなるとその実がこのリュウキュウハゼより劣っているハゼノキ、すなわちいわゆるヤマハゼよりもはや採蠟せぬこととなって、世人はついにこれを顧みぬように馴致せられたであろう。けだし右のリュウキュウハゼ（今一般人のいうハゼノキ）の来なかった前には、ハゼノキ、すなわちいわゆるヤマハゼは採蠟のためたぶん重要な一樹木であったのであろうと想像する。

上のリュウキュウハゼは我が邦へは琉球から来たものとはいえ、しからばそれが琉球産かというと、そうではこれなく、これはけだし支那から同島へ渡したものであろう。つまり支那から琉球へ渡し、琉球から我が邦へ伝えたものである。そして支那ではこれを紅包樹と称する。

このリュウキュウハゼはなかなか大木となる。私は先年、大隅の国鹿児島湾へ枕《のぞ》んだ地方でその老大木の並樹を見たことがあったが、その樹上には無数にボウランが附着していた。一体九州にはこの樹多く、到るところにこれを見受けるが、中でも特に筑後の国方面に夥《おびただ》しく、秋時の紅葉は実に見事である。ハゼノキ、すなわちヤマハゼもまた無論紅葉して美麗ではあるが、樹が小さく枝が疎で葉も粗大なるため疎漫の感があり、一方の樹大きく枝多く葉の密にして燃ゆるがごとき錦繡《きんしゅう》を晒《さら》す華美にはとても及ばない。紅葉を賞するためにとこれを栽えてもその甲斐は充分にある。殊《こと》に緑樹に隣ってこれを観るのはもっとも一入《ひとしお》の好風情がある。

このリユウキュウハゼの学名は Rhus succedanea L. であるが、世の諸学者がこの学名をハゼノキとして用いているのは、そのハゼノキの名を間違えているからである。要するにこれはまさに左の通り整理せねばならぬものである。

Rhus succedanea L.　　リユウキュウハゼ

Rhus sylvestris Sieb. et Zucc.　　ハジノキ、ハゼノキ、いわゆるヤマハゼ、古名ハニシ

ハゼノキの語原を考えてみるに、これはたぶんハゼル木、すなわち枝がハソク（「もろく」を意味する方言）ハジケ折れる木の意味ではなかろうか。実際ハゼノキの枝はいわゆるハソクてハジケ拆《さ》け折れやすく、ハゼはハソイ樹であることを子供でも能《よ》く知っている。ハソクすなわちハジケルとは脆《もろ》きことではあるが、しかし柔らかくてボロボロする意味ではなく、折るとパチンとすぐ拆け折れて離れることである。ハジノキも同意味であろう。

古名のハニシは、あるいは紅葉の見立ての葉錦の略せられたものではなかろうか。その実から蠟を採るので埴締《はにしめ》の略だというのは、チト理窟に陥りすぎて、面白くないと感ずる。昭和十五年十二月、大分県別府の寿楽園客舎にて温泉療養をしつつ草す。

〔補〕前文の黄櫨は和名をマルバハゼともケムリノキとも、またカスミノキとも呼ばれる。その黄色の心材で黄色を染むることはすでに支那の昔の書物にも出で「木黄可染黄色」と書いてある。これは支那では普通の灌木で、通常丘阜《きゆうふ》で見られ、枝端の花穂は分枝して花なき多くの小梗を有し、帯紫白色の柔毛を生じており、蓬々として煙のごとく、また霞のごとく、その状他に比すべきもない特異な観を呈している。

菊の話

今日は何かあなた方のために菊についての通俗なお話をするようにとのことでありましたので、こちらへ上った次第です。私はこちらの安井先生とは以前から御懇意に願っておりまして、ときどき大阪に参りました時にはたいていお目にかかっております。そしてこの学校で菊を盛んに作っておられるということもかねて承っておりましたが、今日までこちらへは拝見に上る機会がなかったのであります。今日この盛んな菊の会を拝見してまことに善びに堪えない感じが致します。学校でこういう風にたくさん菊を作って、こんなに立派に咲かすということは、日本中どこを探してもないと思います。茨木高等女学校だけがその特権を持っておられるように思います。

菊を作るということは大変結構な花を選ばれたものです。まず第一に、帝室の御紋章は菊であります。そういうことを聯想されて皇室中心のことを忘れないというのは、これから先、国民にとって大切なことであります。日本は皇室が中心であります。皇室を中心として日本の独立を守ろうということを菊の花を眺めるたびに思いますことは、我々の真心であります。次には、菊花は他の植物と趣が違っていて花中が協同一致しております。何ごとも協力なしではことは成し遂げられないと先程校長先生が申されましたが、これは真理でありまして、その表象となるのがこの菊であります。こんな点から言ってこちらで菊を盛んにお作りになることに対して敬意を表し、また菊の花を愛することはこんな点から見てはなはだ大切な意義があります。

なお菊の花を愛することは、その他いろいろの点から言って、その品を選んだのにまことに当を得ていると思います。この花の色、形、姿等は千種万態で大小いろいろあるのは人の愛を惹く素質であります。百花凋落《ちょうらく》して秋に咲く花がもう終わりを告げてその後に咲き出す、つまり暑からず寒からず身体に適した時に咲き出ずるのも菊の愛せられる一つの美点であります。

立派に作ることは技巧を要しますが、元来菊は強い作りやすい植物で、作ろうと思えば誰にでも作ることができ、庭に植えたままで放って置いてもいつまでも根が残っていて、年毎に花が咲き別に世話も要らないというようなことも、人々に多く作られる原因であります。なおまた菊は日本の気候に適しておりますので、日本の端々にまでも菊の花を見ないところはないというくらいに普及したということも、人に好かれる一つの美点とも言えましょう。

そして菊は大変よい香を持っていること、また花が咲いてもいつまでも咲いている、終日連日咲くというようないろいろの点に於いて人に愛せられます。その中でもっとも意義のあるのは協同一致している花であるということであります。

どんな人でもよく万々歳ということを申しますが、それはいついつまでも永く、人間が絶えず、永久に、地球のあらん限り生きているということであります。君が代もそうである。「君が代はさざれ石の苔のむすまで」ではいけない。むしてさらにもっともっと無限に続くのであります。生物はみな自分の種属、いわゆる系統を永く続かせることにもっとも努力しています。これは植物も動物も同じでありまして、この自分の仲間を蕃《ふ》やしてその種属をもっとも永く続かせるのに都合よくできているものほど、高等であり進歩しているということになるわけでありますから、こういう点から菊の花を観ますと、その種属を増やすのに一番都合よくできているのであります。

これは人間でもその目的とするところは同じでありまして、私どもはこの永く続いていく系統のほんのわずかでありますが中継ぎをするためにこの世の中に生まれてきたのであります。今校長先生のお話では私を七十六と申されましたが、もう少々若くて、私は七十五であります。私はもはや中継ぎの役目を果たした、というのは、私は十三人も子供を作り、その中には死んだものもありますが、今では六人だけ残っております。そしてその六人もこの役は勤めている。もうこの後五年か十年か十五年の中に私どもは役目を勤めた名誉を負って天国へ行くということになります。その六人がまた次々と後継ぎを作って孫、ひまごという順に継いでいく、これが人間の本当の務めでありますが、こういう大切な務めを全うするためには一定の期間生きていなければならぬ。そのために社会を作って生活するということになるのです。ところで社会生活をする場合、天然のままにしておくと強い者勝ちになり弱い者が負ける。社会の人々がみな揃ってこの大切な中継の役目を果たすためには協同一致して博愛の徳を発揮し、無法な者が出ないように法律ができ、道徳があるわけで、もし社会に一つもそういう不都合がなければ法律も道徳もなくてよいのです。しかし今日のような社会ですから法律も道徳も必要であります。

これから先、あなた方はみな奥さんになられるだろうが、こう言うと少しさし障りがあるかもしれないが、独身生活をするようなことはいろいろの点から考えて天意に叛《そむ》いているもので、楽しい家庭を作り一家団欒するということにお願いします。何ごとも自然の法則に従って行くということが大切であって、人はいろいろと申しますが結局そういうことになるのです。

菊は子孫を継ぐ上について他の花よりも非常に便利にできている。菊の花は植物の中でももっとも高等な、進歩した構造を持っております。植物を分類するのには多くのものの中から互いに似たものを集めて一つのグループ、すなわち Family を作っていて、これを日本語に訳してみると科というのだが、菊が一番進歩した科となっています。進歩したということは自分の子孫を後に残すのに一番都合よくできていることであります。あなた方は学校で習って知っているであろうが、知らない人から見るとこの菊の花は一輪の花に見えるけれど、これは梅や椿というような一輪と意味が違う。あれは純然たる一輪、菊は一輪ではない。これはちょうどあなた方がこの部屋に集っているのと同じような仕組であります。菊の花はここに集まられたあなた方全体に当り、梅や椿はその一人一人に当るというわけです。すなわち菊の花は複合花である。菊はなぜこんな花になったかというと、実を結ぶ必要から自然がしたものである。菊の花ももとは軸があってその周囲に一つ一つの花がまばらに着いていたろうと想像される。これは何億年も昔はそうであったのかもしれないがまばらでは不便である、集まる方が都合がよいというのでこういう風に集まったのであります。田舎より町へ集まった方がよい、集まるというのは、何か便利なことがあるからで、集まるべき必要があるからであります。大阪市があのようになったのもああいう風になるべき必要があったのである。私がいま話をしてもあなた方がここに集まっているからみな一度に聴ける、もしばらばらになっていたら一人一人に話してまわらねばならぬ、やはり集まった方が便利で都合がよいでしょう。菊の花も何かそうしたわけから自然がこうしてくれたのです。

菊の花は複合した花でこれは一つの花ではない。(頭状花を示して)これは花の集まり、穂であります。こういうものを(周囲の花を示して)舌状花といって、この中心にあるのは中心花という。もし菊の花を芍薬《しゃくやく》の花で作ろうとすれば、これが(舌状花、中心花を示して）仮りに五十あるとすれば、芍薬の花を五十持ってきて集めなければならぬ。これでは一つの花が大きくなって不便である。そこで菊の花は多くの花が集まったのですから、この不便が起こらぬように一つ一つの花が単純になり、形が略され、押し合いへし合いして縮まって小さなものになる、そうなったものがこの菊の花であるが、それは種子を作るのに非常に便利であります。こういう風に集まっていると短い時間でたやすく授粉ができるが、まばらになっているとそれができない。例えば結婚をしようとする人を一堂に多数集めておいて、仲人が一人あって、みなにお盃を廻すと多くの結婚式が一時にすむことになりましょう。これと同じことです。

　こういう風に花が多数集まっていると授粉が一度にできる。これを仲介するのは虫である。虫が一匹来れば二、三十の花が一度に実を結ぶようになる。もし一々あぶが飛び廻って花粉をつけていては時間が大層かかりましょう。こういうわけで万事大変便利にできています。

　この周りの綺麗な花は雌花で、ここへ虫が来て中心の花の花粉をつけます。中心の花は両性花で雄蘂も雌蘂もあり、その底から蜜が出るので、虫はその蜜を吸いに来ます。虫は菊の花のことなど何も思っていない。自分の慾だけを満足しにやって来るのであるが、もし菊の花がまばらに着いていると一々探して歩かねばならぬ。こういうように多くの花が集まって周囲の舌状花が大きく美しい色をしていると、これを目じるしに飛んできます。

そして中心の花の蜜を吸うために花の上を歩きます。虫の体には毛があるから、この時に花粉が毛につき、これがまた他の花の柱頭につくことになります。花の色はちょうど看板と同じである。私どもが町を歩いても看板がなかったら一々店の中を覗いていかなければ分からないでしょう。看板に当る赤や黄の色は虫を呼ぶためであって、虫に「見てくれ見てくれ」と呼んでいる、この花を人間が横からよい気になって観賞しているというわけです。菊の花ではこの周りの花が看板の役目をつとめ、そして実も結びますが、中の花は看板ではなくて実さえ結べばよいのであります。すなわち一種の分業が行われているわけで、こういう花は非常に進歩した高等な花であります。人間でもこの頃は何もかも分業でやりますが、それで進歩するわけです。動植物でも分業の行われるものほど高等に進んでいるといわれる。菊の花でもいま申した通り、実を作るところと、実も作るが看板にも当るというところとが協力していて、大変進歩した構造を持っています。このような高等な花をこの学校で愛し、こんなに盛んに作るということは大変意味深長であります。

植物には自分の花の花粉を自分の柱頭につけないで脇の花からつけないと実のでき難いのがある。あの石竹、なでしこ等を見ますと、一つの花に雌蘂と雄蘂とがあるが、雄蘂が先に出て花粉を出し、雄蘂が凋《しな》びると雌蘂が後から出てきます。すなわち自分の花の雄蘂が出た頃は雌蘂はまだ若い、それゆえに脇の花粉を持ってこなければならぬわけで、これは虫が運ぶのですから石竹、カーネーションの類では虫が来なければ子孫ができないことになります。

菊の花の中心花は小さいけれど、これをよく観察すると、花冠はその先が五つに分かれていて、その中に雄蘂が五つあり、筒のように聯合している。雌蘂は下から雄蘂のこの筒の間を突き出てきて、先が二つに分かれる。その上が柱頭になります。それで自分の花の花粉はこの柱頭にはつかないわけで、虫が他の花の花粉を運んでくるわけで、こういう風に自分の花粉を自分の柱頭につけないようにいろいろ工夫します。人間でも兄妹同士とか、ごく縁の近いもので結婚をすると、不具ができたり身体の弱い者ができる。これと同じように花でも自分の花の花粉をつけたものは弱いものができる。こんな点から考えても菊の花の構造は巧みにできております。

菊はもと支那の植物であるが、今では日本の国花みたいになっています。菊は今から千年以上も昔に日本へ渡ってきた。その時は種類も少なかったが、日本へ来てから方々の人が作り、今日のようになったのです。培養者の丹精によってこういうように大小多数のものができた。そして日本の風土に適するのでどこでも広く作られるわけです。それで日本の国花といっても誰も異存はないけれども、もしこれがもとから日本のものならもっとよいわけです。アジアの東部が全部日本のになれば全く日本国の花になるわけで、また一視同仁、世界はみな兄弟であるという考えから見れば、日本の花と定めても一向差支えはありません。もう一つ心強いことは、日本のものにもこの花と同じ種に属するものがある。

明治十九年頃に私が見つけたもので、その菊は野路菊という。野路菊なら言葉としても悪くはないと思ってこの名をつけて発表しておいたのです。その野路菊はこの菊と同種に属する。野路菊は神ながらの形態を保って咲いているのですが、もしもそれが昔に人の注意を惹いて栽培していたならば、こういう風に変わった綺麗な菊になっていたろうと思います。誰も注意を払わずに野にあったから小菊の状態であるわけです。この野路菊に赤い花を咲かせたいという希望を持っているが、まだできない。淡色でもよいから赤い花が咲けば非常に面白いと思います。この野路菊は小さいのは直径六分くらい、大きいのは一寸五分くらいにも達する。これを培養すればもっと大きな花が咲きます。その形態をよく吟味すると菊と少しも変わらないし、第一そこに表われている気分が一致している。これは自然の状態をよく見て会得するとよく解ることです。

野路菊は六甲山の麓にも少しありますが、この近くで多いところは播州の大塩で、そこに行くと、もう二週間くらいもすれば花咲くだろうと思います。それを取ってきて懸崖《けんがい》作りにするのは面白いと思う。大塩に行って花弁の広いの、狭いの、その他いろいろの変化を見て採ってくれれば、異なった花が咲かせるわけです。

支那では昔は菊の花はみな薬用として用いた。最初は野にあるものを取って薬用としたが、後にはそれを作って観賞するようになった。日本に来たのは支那で作り始めてから千年くらい経った後であって、日本に来てからまた千年くらい経っているから、最初から数えると二千年くらいかかっていることになります。はじめこのような大きい菊が日本に来たのではない。日本に来てから培養を重ね、こんな立派なものとなったのです。

あなた方が菊を愛し、また植物を愛するその心は、人間に大変尊いことだと思います。手短かに言えば、草や木に愛を持つというのは、それを可愛がり、いためないことである。そういう心を明け暮れ養えば、脇のものをいためないという思いやりの心が発達してくる。難かしく言えば博愛心、仏教では慈悲心ということになります。それを理窟で聞くばかりでなく、自然にそれを発達させることが必要である。学生時代からそのような心を養っていただきたい。思いやりがあれば喧嘩はしない。喧嘩は自我心を強くして我一人よくしようという心があるから起こる。強きを抑え弱きを助ける心を植物から養いたいと思います。倫理道徳というようなやはり理窟よりも、情からはいった方がよいと思う。植物の知識を学ぶ際には、右私の言ったようなことを知らず知らずの間に養うようにしたいものです。

菊の花を愛するということは他の花も愛することになる。どんな小さなものでも可愛がることになる。私はこういうことがあります。植物を採集してくるといろいろの虫がそれに附いてくる。それを腊葉《さくよう》にする時に一匹の蟻でもみな追い払わぬと、その虫を殺すということはできないようになってきた。小さい虫がくっついているのを椽側《えんがわ》の外に捨てる。殺しはしない。そんな時に私はよく蟻のことを思う。この蟻は何里も離れてここへ来て放たれるが、この先どうなるかと思う。他の蟻の社会の中へ入っていけばどういうように排斥されるだろうかと心配する。こういう心を養ったのは難かしい書物によらず、自然を愛するということからいためてはいけないという結果、ひとりでにそうなった。何十年もの間植物を愛した結果から自然に養われたのです。私は自分の経験からこの草花植物をみなさんにどうか愛してくださるようにお願いする。専門家になれというのではない。植物を憎むことは少しもないという証拠にはどんな家でも植物が庭に植えてある。どんな人でも植物は好きだろうと思う。植物はどんな人にでも愛せられる素質を持っているわけです。これを愛好することは費用が多く要るというわけでもない。情操教育上からも植物を愛するるようにお奨めします。動物を採集すると殺さねばならぬが、私はあの苦痛を察してやると到底殺す気にはなれない。植物は動物と違って愛好するに都合のよいものであるからあなた方にもそれをお願いするのです。

何ごとでもまず母が子供をよく教育するようにせねばなりません。例えば子供にコーヒーを飲ます時に、コーヒーは何から採るか、コーヒーはどこの国の産で、コーヒーの中で一番よいのは何であるとか、コーヒーはどういう具合になってできるか、そしてどういう風にして世界中でコーヒーを飲むようになったのか等とお母さんが話して聞かせると、子供の教育は大変進み、先生の代りにもなるわけです。これからはまず母がそのような知識を持っていて家庭の子女教育に努めなければなりません。

それからもう一つ、健康の方面から言っても、植物を愛好するということは大変よい。

植物を愛好するためにはどうしても外へ出る。外へ出るということは健康上から大変よいことで、外へ出ると自然に運動が必要になってくるし、日光にも当る、よい空気を吸うということになります。私はこのような年になっても健康で、昨年は立山にも登ったりしました。私は小さい時は弱く痩せていたが、だんだん方々の植物を採集して歩いたりしたので身体が強くなりました。私はこのような健康を全く運動によって贏《か》ち得たわけです。散歩ということは大変よいことですが、道を歩くのも憂鬱ではいけない。心を楽しませて歩かねばいけない。楽しい心で歩くとよい運動になります。植物はどこに行ってもあるもので、植物を愛好すればどこを歩いても植物を見て楽しむことができる。私はどんな山奥に一人で行っても淋しいと思ったことは一度もありません。植物を見ておれば非常に賑やかで、また楽しい。

これから先、日本が世界の国々の間に立って独立を保っていくのはなかなか大変なことであるが、それは非常に健康な人間を作らなくてはいけない。健康な子供を得るにはまず母が丈夫でなければならぬ。それでみなさんはまず丈夫な身体を作るということにしていただきたいものです。女の人は煙草を吸うてはよくない。煙草は害物であるからどうか吸わぬようにお願いしたい。それからこれは男子の学校なら私は大いに話したいのであるが、あなた方は女であるから酒のことは心配ないと思います。私は小さい時から酒も煙草も飲まない。それが年をとってくると影響する。私は七十五になりますが動脈硬化ということがない。私の動脈は軟らかい。血圧も高くないからこれから先まだ三十年も生きられると喜んでおります。こんなに私が身体が丈夫なのは酒、煙草を飲まないのが大変手伝っていると思います。

これで私のお話は終りにいたしますが、あなた方が長い間静かに私のつまらない話を聴いて下さって私は大変嬉しく思います。みなさんに御礼を申します。

（昭和十一年十一月八日、大阪府立茨木高等女学校内、重陽会席上にて――文責記者にあり）

〔補〕野路菊、すなわちノジギク（学名はChrysanthemum morifolium Ramat. var. Spontaneum Makino）を家植の大菊、中菊、小菊（ある一部は除く）と別種だとする学者があるけれど、私は多年にわたる実地の実物観察から決してそうは思わなく、これは疑いもなく全く同種で、ただその一変種でしかないと確信している。それはその実物をもっとも綿密に観察し、虚心坦懐に何の情実にも捉われず、全く実際に即して考慮すれば、恐らく誰でも私と同一の結論に到着するであろうと信ずる。九州の諸処で多年間この野生種を利用栽培した結果、その茎葉が壮大となり、その花が大形となり八重咲きとなって、まるで作り菊すなわち家植菊と見紛うごとき姿に移っているものを見付け採集したことがあったが、その一つは薩摩指宿《いぶすき》の附近で、またその一つは豊後日代《ひしろ》駅の附近であった。

書帯草

支那に書帯草といわれる雅名の草があってこれを盆栽とし、机上に置いて珍玩し楽しんでいるが、我が邦人は時にヤブスゲを鉢栽にしてこれを書帯草だと呼んでいても、それはもとよりその品ではない。しからばその書帯草とは何であるかというと、これはジャノヒゲ、一名リュウノヒゲ、一名ジョウガヒゲである。

今このジャノヒゲを取ってこれを盆に上《のぼ》せば、すなわちそれがいわゆる書帯草である。そしてもしそれ彼《か》の藍色の実がその叢葉間に隠見すれば、さらに雅趣を添加する。

この書帯草をようやくジャノヒゲであるとアイデンチフハイしたのは小野蘭山《らんざん》で、蘭山はけだし陳扶揺の『秘伝花鏡』の文によってそう考定したのであろう。すなわち右『花鏡』には左の通り出ている。

書帯草ハ一名秀墩草、叢生一団、葉ハ韮ノ如クニシテ更ニ細長、性柔紉、色翠緑鮮潤、山東淄川ノ鄭康成ガ読書ノ処ニ出ヅ、近今江浙ニ皆アリテ、之《こ》レヲ庭砌ニ植ヱ、蓬々四

垂シ頗《すこぶ》ル清玩ニ堪ヘタリ、若《も》シ細泥ヲ以テ常ニ其中ニ加フレバ、則《すなわ》チ層次シテ高サヲ生ジ、真ニ秀墩ノ如クニシテ愛スベシ（漢文）

次いで山本亡羊もまた蘭山と同意見を述べており、主として明の瞿佑《くゆう》の詩でこれを証している。すなわち今その詩を訓読せば次の通りである。

階ニ沿ヒ砌ニ傍フテ密ニ叢ヲ成ス、輭《やわらか》キハ青氈ニ似テ細キハ茸ニ似タリ、
葉底収蔵ス惟レ橄欖《かんらん》、花間映帯シテ芙蓉アリ、
佳人翠ヲ拾フテ行窩穏ニ、稚子銭ヲ攤《ちら》シテ坐席重シ、
況《いわん》ヤ霊根ノ薬餌ニ供スルアツテ、美名重テ号《よ》ブ麦門冬

麦門冬はジャノヒゲ、すなわちリュウノヒゲの漢名（支那名）である。しかるに小野蘭山は、彼の『本草綱目啓蒙《ほんぞうこうもくけいもう》』に於いて、この麦門冬を二つとなし、一を大葉麦門冬（こんな漢名はない）としてヤブランを配し、これを麦門冬の主品となし、一を小葉麦門冬（こんな漢名もない）として、これにジャノヒゲを充《あ》てているが、この蘭山の説は大いに実際を誤っていて、麦門冬は唯一種ジャノヒゲのみの名に過ぎなく、ヤブランは本来決してこれには与かっていないのである。しかるに強いてこれに与からせたのは独り日本の本草学

者のみの謬見《びゅうけん》に基づく。ジャノヒゲの実は他のオオバジャノヒゲ、ノシラン、ヤブラン、ヒメヤブランと同じく全く露出した種子である。顕花植物にあってかく果実を装う種子の露出は珍らしいことに属し、なお、メギ科のルイヨウボタンの実も同じくそうである。これらは花後その果皮萎縮して発育せず、ただその種子のみが裸となって成長したものである。

〔補〕日本では盆栽としてすこぶる雅趣ある上のジャノヒゲをあまり鉢で作らない。ゆえにいわゆる書帯草の盆栽を見ることがない。もし書帯草と呼んでいるものがあったとしたら、それはただその名称を冒した他の草である。しかしジャノヒゲは普通に庭には能《よ》く地に栽えてある。

野生食用植物の話

ただいま御紹介に預りました牧野であります。彼処《あそこ》に書いてありますように、今日は野生食用植物のお話を申し上げることになっておりますが、題が漠然としておりますので、話も漠然としておるかもしれませんけれども、どうぞ御聴きを願います。何でも前に一度こちらの講演会でお話をしたことを覚えておりますが、何年か大分前のことでありまして、今日は二度目にお話するようなわけであります。

あの題が示しておりますように、野に生えている植物、すなわち人が作っていない野生の植物で、いろいろ食用になるものがあります。そのことにつき、私は植物が非常に好きであるとともに、人間にとりまして大変入用なことであるということから、もう古い時から野生の食用植物については始終関心を持っておるのであります。私が平常もう少し用事が少なくてもっぱらこういう方面に力を入れることができたならば、今よりはもう少し具体的な仕事が何かできておるかもしれませんが、私はいろいろな用事があって、もっぱらこういう方面に力を入れることができない。それで非常に残念残念と思いながら今日になってきておるようなわけであります。それでもこの研究がもっとも大切なものであるということは一日も忘れたことがない。始終頭の中に往来している問題でありますが、ただその研究した結果があまりないという、そういう風になっております。

そこで私はみなさまがこういう方面を研究せられて、一般の利用になるように図られることを大いに希望するわけでありますが、ことに私のもっともお願いしたいのは、慶應病院でもよろしいし、また大学の方でもよろしいが、そういう機関を一つお作りになりまして、断えずそういう方面の研究をせられて、その結果を片っ端から世の中に発表されまして、そうして何年かの後にそれがだんだんに完成するような風にということをお願いしたいと思うのであります。

これはただいますぐに何の効も収めない仕事かというとそうではありません。いろいろのことを考えてみると、大変焦眉の急に迫っている問題であります。去年でしたか一昨年でしたか、東北地方に於いてはあのような飢饉になって、食物が欠乏した。ああいう場合にただいま申し上げたような機関がありますと、大変助かるだろうと思います。もう一つ私どもが大いに関心を持っておりますのは、今日の世界の動きであります。御承知のように国際間の関係も誠に微妙なことになっておりまして、いつ爆発して戦争になるか判らぬような情勢にあります。軍備の方も孜々《しし》として整えておるわけでありますけれども、食物ということも非常に大切な問題でありますから、一朝何か事の起こった時に食物にも苦しまないということをやはり考えておかなければならぬ。その食物を備えることについてもいろいろな方面がありますが、その中でも、日本に生える植物で食用にしていいものがあればそれを片っ端から利用して、食うに困らぬよう食物の助けにすることが必要であると思います。

それでこれを徹底的に研究して、その食用植物の種類を、目に一丁字を解せない人でも、すぐにそれを見れば判るというように書いたものを一つ作って、そうして事のあった場合の用意にせぬといかぬと私は思うのであります。

それからまた日常の生活にしましても、今日社会がなかなか難しくなってまいりまして、金のある人は問題ではないとしましても、そうでない方の無産の人になりますと、一つでも食物が殖《ふ》えて余計にある方が都合がいい。そういうわけでありますから、単に畠で作った植物でなく、やはり野にある植物でも利用のできるものはそれを利用して命をつなぐようにした方が得じゃないかと思う。

そういう方面は一向一般の人には徹底していないで、ずいぶん等閑《なおざり》になっている。これを食用に利用したらよいという物が眼前にありましても、ちっとも利用していない。これは食える食えないということを知っている人から見ると非常に残念に思う。例をいってみますと、これは日本の植物ではありませんが、今では日本到るところに、どこにでも盛んに生えている、形の非常に大きな植物でアオビユというのがある。これは日本の植物じゃなく前には日本になかった。それが日本に入ってきて植物学者がアオビユという名をつけて発表した。これはヨーロッパの植物であります。これがヨーロッパ戦争後日本にだんだん盛んになりまして、今では夏になりますとどこにでもその植物が生えております。その植物は高さが私の背よりも高くなり、葉も六、七寸くらい、その幅も三、四寸くらいになり、ちょうどハゲイトウの葉を見るような大きな葉が着く。植物学上からいえばヒユの一種であります。ヒユは植物学上で Amaranthus といい、支那の名でいえば莧《けん》と称《とな》えますが、このヒユは昔支那から来たもので、蔬菜の一つとして田舎に行くと百姓の家に作っているのを見かける。ヒユは昔から食用植物として畠に作ったものであります。アオビユというのはそのヒユ属の一つでありまして、無論毒のない植物であります。ヒユはおひたし等にして使いますが、味の悪いものでない。それだから今のアオビユを平常の蔬菜として利用したらいいと思う。どこにでも生え、荒廃地に盛んに茂って誰も採る人がないから、なおますます盛んになっている。秋になって枯れますが、元来一年生の植物で、春種子から生えて五尺くらい大きくなる植物であります。私はこの草を利用せぬのはもったいないように思います。東京に大地震のあった時に食物が乏しくなって困った。私どもはアオビユが食えることを知っていたから、ちょうど九月頃で盛んに繁殖しておりますので、それを採ってきてひたしものにしたりして食べたことを覚えております。こういうように食物になるものが廃《すた》っているわけであります。それは雑草だから栄養がないというようなことは決してありません。やはり草だから相当の栄養価を持っているわけであります。栄養の方はそういう方面で研究すればどういう栄養価があるかが判る。こんな草が廃っているということは誠に残念なことであります。

また食卓の上で大根ばかり食べても興味が少ない、蕪《かぶ》ばかり食べても興味に乏しいが、時々変わったものが食卓に上るということは、趣味の上からいっても必要なことでありますから、上に言ったような草が食用になれば時々採ってきて食膳に上せたら私はいいと思う。どうせ野の草ですから、畑で作っている草よりか味は劣るだろうと思うけれども、それは調理の仕方によっていかようにもなりはせぬかと思う。調理の仕方を考えてやれば相当の蔬菜になると思う。それはアオビユばかりでなく、ヒユでいえば普通野外にイヌビユというのもある。このイヌビユも食用になるが東京辺の人は誰も食べていません。しかし日本のある地方の人は食べている。やはりヒユといって食べている。それがまた東京辺にも方々に普通に生じていますから、それを採ってきて食べるということもいいですね。

こういう風に野生の植物の中に日常食べられるものがたくさんあるのに、その研究機関が全くなく、紹介するものもなく、普通の人は誰も知らずにいるわけです。その機関があって、そこで研究をして、研究の結果を片っ端から世の中に発表して、どんな人にも判るように公にするということが私は必要じゃないかと思う。

それから東北地方ではいろいろなものを食用にします。冬何ヶ月間雪の中におりますから、食物がだんだん欠乏する。それで夏の間に野山にあるところの草や木の芽なんかで食べられるものは何でも集めて茹でて干しておいて、そうして冬の食物にする。それから雪が融けますといろいろのものが芽立ってくる、つまり山菜です。その山菜を街へ売り出す。いろいろなものが売り出される。私は一度その時季に東北地方に出かけて行って、どういうものを食べているか見たいということを何年も前から思っておりますが、いろいろの差支えからまだよう行かずにおります。そんなわけでそんなような研究が十分できずにおるのでありますけれども、先程もお話ししましたように、日本に万一のことがあった場合には、食物の問題でありますからやはり命に関係する問題であります。命に関係する大問題が閑却せられて、そのままになっているということは、いかにも残念に思います。それですからそういう研究機関を作っていただければ日本の国のためだと思います。そういう機関ができて、その間に私どもが仕事をしてもいいようなことがありましたら協力してもいい。やはりそういうことを研究するには、植物分類の学問をやって一切の草木を知っている人が参加しているということが便利かつ必要じゃないかとも思います。私ども数年前に一度そういうことを実行に移そうとしましたが、いろいろな障碍がありまして、できなかったことを、今でも残念に思っておる次第であります。

日本は非常に植物の豊富なところでありまして、ドイツとかイギリス、フランス、ああいうところに比べると、日本の植物は幾層倍も余計にある。非常に種類のたくさんある国でありますから、したがって食用にする植物もたくさんある。ドイツは戦争中に四境を囲まれて国民が食糧に苦しんだ時があった。その時にドイツ政府は、野にあって食べられる植物を一枚の表にしまして、それに着色図を書いて、これはサラダにするとか、何にするとかいうような解釈を加えて、民間一般に配ったことがあります。ドイツ辺りでは植物の種類が少ないものでありますから、したがってそういう表を見ましても数が少ない。日本でもしあんな表を作ろうとすれば、種類がたくさんありますから、たくさんの種類を網羅することができる。もし戦争が起こりまして、ドイツのしたことに倣《なら》って、そういうような表を配らねばならぬ場合がないとも限らぬ。そこで今お話しましたように平常の用意が必要でありまして、予めそういうことを用意しておかなければならぬわけですね。いわゆる「天の未《いま》だ陰雨《いんう》せざるに迨《およ》び彼《か》の桑土《そうど》を徹《と》り牖戸《ゆうこ》を綢繆《ちゆうびゆう》す」とはこのことであります。

それで、そういうものを研究するには、まず第一番に食用となるものの図を作ることであります。図の作り方はいろいろありまして、例えばナズナの食用になることは誰でも御承知でしょうが、ナズナの枝の先を図にして花の咲いたり実の生《な》ったところを図にして、それでいいかというと、そんなものではいかぬ。種類を知るにはそういうものでも結構でありますけれども、食べるにはどういうところを食べるという、その食べる時の状態の図を作らなければならぬ。時候でいえば十二月とか一月とかいう、まだ茎の立たぬ芽立ちの食べられる時代の形をちゃんと入れて作って、これは何という種類だということをハッキりさすために、花や実のある図をそれに添える、そういう図を作らなければならぬ。根を食べるものはちゃんと根の付いた図を作る。主体が食べるところだから、そういう方に重きを置いた図を作るのですね。それからその形状を解説したものをそれに付けて、その次にはその栄養価値とか、それに含まれている成分とかいうものの研究が書かれ、その次にはどういう風にして食べるのが一番美味《うま》いというような調理法を研究して記入する。それから野に行けばそれがあるとか河原に行けばそこにあるとかの、それの育っている場所をそれに記入します。こういうものができ上がれば完成するわけであります。ただちょっとした書物でちょっとした図を入れてちょっとした解釈をする、そんなことでは駄目だ。ちゃんと色まで入れて、どんな百姓が見ても、どんな教育のないものが見ても、これはあの草だ、これはこの草だということが判るような図を作らなければ徹底しない。そんなことはちっとも難しくない。相当の時間をかけ、しかるべき人が画家を監督して、こう描けといって描かせればできるわけで、帰するところは金の問題でありますが、そういうことを研究する一つの機関があるとすれば、それには相当の費用があるわけだから、右のことができていくと思う。それをやらねば嘘です。そうして日本にありとあらゆる食べられるものを、どれほどあるか判りませんけれども、例えば二百あっても三百あっても、みなそういうような図を作る。これは食糧問題でありますから国民一般に普及させねばいかぬという立場から、そうしてまた一朝《いっちょう》有事の時に役立てなければならぬという立場から、政府で相当の費用を出して、そういう出版をして、それを無代価でもよろしいし、ごくわずかの代価でもよろしいから民間に普及させる。そうすれば好結果があるわけで、まさかの時にすぐに役立ち、それを見ればちゃんと判る。また植物には毒のあるものがずいぶんあって、それを食べると毒に中《あた》る。大変な問題が起こって人命を失うことになる。それだから有毒植物をも研究して、やはり同じような図を作って、こういうものは食べてはいかぬというように警戒させていかねばならぬ。

日本も明治維新後七十年に近い年数を経ていろいろなものが設備せられておるに拘らず、まだこういう方面の仕事が一向できていない。わずかに民間に「食用……」何とかいう本があっても、それが徹底した編纂者でないためにあまり実用にならない。さらに最近にできた食用植物の本でも遺憾な点が少なくない。あれじゃ本当の実用にならぬという感を特に深くします。そういうわけでありますから、これはどうしても、実際に役立つものを新たに拵《こしら》えなくてはいかぬ。

それから今の人はあまり飢饉というものに出会ったことがありませんから判りませんが、日本には昔は飢饉という恐ろしいことがずいぶんあって、五穀の稔《みの》りが悪いとか、あるいは天災によって稔りが少ないと、飢饉というものが、襲来したわけであります。飢饉というのは、要するに食い物が乏しくなるわけで、新しい事実は先程申しましたような東北地方の飢饉であります。自分の可愛い娘まで売らなければならぬというような悲惨事を惹き起こすわけでありまして、さらに食物が足らぬので餓死するものもできる。今は飢饉があっても餓莩《がひょう》が道に溢れるというようなことはありませんけれども、昔は何万という人が飢饉のために餓死するということがあったのです。その飢饉が襲うてくることを防ぐために、野外のこういう植物は食べられるということをみなに知らせておく。それで徳川時代のそういう方面の書物を集めてみると、ずいぶんたくさんある。いわゆる救荒植物というて、飢饉を救うところの植物を書いたものがずいぶんあります。私の集めたものでも大分たくさんあります。それには、これは毒があるから食うてはいかぬとか、これは食い物になるとかいうことが書いてありますが、そういうものを見てみますと、中には遺憾な点もずいぶんある。例えば食べられるものが落ちており、一向食えないものが食えるものとして入っておるということがありまして、非常に疎漏な点が大分ある。それは編纂者がそういう方に堪能な人であって、実地に明るい人であればそういうことはないわけであるが、中にはいい加減に机の上で作ったものがずいぶんある。そしてまた焦眉の急を救うために、こんな昔の本を土台として作ったものがたくさんある。それゆえ実際に反《そむ》いたことをも書いてある本が少なくない。さて、そういう本というのは、ここへその一部分を持ってまいりましたが、支那の本で『救荒本草』という、こんなに厚い本であります。内容を見ると図が出ておりまして、食べる時には茹でて食うとかいうようなことが書いてある。こういうような本があります。これでもなかなかいろいろな支那の植物で食べられるものが集めてあります。日本にある食える草木はまずこの三倍くらいあるが、それぐらいの大きな本がこれまで日本にできているかというと、何もできておらぬ。日本でできているものはもっと簡単な薄い本である。その点は昔の本ではあるが支那の方がずっと徹底している。ともかく、こういう形状の図を書いてそれがどんなところに生ずるということや、またその形状や食法などを紹介しておりますから、支那の方が徹底しているわけであります。こういう本があったために、この書が日本でいつも中心となっております。

日本では支那の植物の名を非常に尊んで、今でも植物は支那の名で書いているものが多い。例えばアジサイを紫陽花と書くとか、ジャガイモを馬鈴薯と書くとか、カキツバタを燕子花と書くというようなわけに、支那の名を尊んだ風習が、今もカキツバタという場合に燕子花と書かなければ趣味がないように感じて、支那の名を今でも用いる。ところが、紫陽花と書いたものがアジサイで、馬鈴薯と書いたものがジャガイモであれば問題はないが、それが間違っていて、そしてこんな例が外《ほか》にもずいぶんたくさんある。それは徳川時代の学者ではそういう間違いが判らなかったから、いい加減に当ててあったものが習慣になって今日に来ているのである。だんだんに支那の植物の研究をやって、いろいろ注意して見ると、徳川時代に当てたその植物の当て方にとても間違いがたくさんある。例えば款冬と書いてフキと訓《よ》む（また蕗と書いてもフキと訓む）。それからこれは食物にする植物ではありませんが楠という字を書いてユズリハと訓む。その外こういうものをいろいろ挙げますと何百という程たくさんある。この『救荒本草』の書物の中に大蓼という植物があって、これが食えると書いてある。この大蓼という植物を日本の学者はセンニンソウという植物に充《あ》てていた。このセンニンソウという植物は蔓性《まんせい》植物でありまして、大変に毒のある植物で馬がそれを食うと歯がこぼれる。馬の歯をこぼつというほどの毒を持っている。実際嚙んでみると、とても味の辛いもので、舌がひりひりするくらい辛い味を持っている。『救荒本草』の大蓼が食用になるというのであるから、この大蓼であるとして充て、右のセンニンソウも食用になるとなるわけである。しかるにセンニンソウは毒草でとても食用にはならない。そしてこのセンニンソウという植物は大蓼じゃない。このようにその名の充てそこないによって食えぬ植物が食えるとなっている。この植物はウマノアシガタ科のものであるが、一体この科に属する植物には有毒のものが多い。トリカブトのようなものは大変な毒がある。キンポウゲ、キツネノボタンというようなものはやはり毒がある。センニンソウも前に言ったように同じ科のものであるから毒がある。その毒のものが食えるとなっている。それを信じてセンニンソウを食った時には必ず中毒するであろう。

そういうような名称の当て損いのために、食えないものが食えるものになっているものがずいぶんある。強いて食えば食えぬことはないでしょうが、食物として適当せぬものがずいぶんある。従来の本に書いてある植物で、こういうような名称の間違いから、食べられぬ物が食べられるとなっている例がずいぶんある。広くいろいろの書物を読んでいる者が見ると、その間違いが能《よ》く判る。そうしてこれは何という書物から出たものだということも判る。こういうようなことがあるから、今の本に出ているからそれがみな食べられるということは言えぬ。それを識別するということはよほど植物を知った人でないとできぬ。先刻お話したように完全無欠なものが今日全くないから、止《や》むを得ず従来の書物を参考にすることはいいけれども、こんなものを本尊として、この中に書いてあるからそれらの植物はみな食えると盲従的に合点することは非常に危険だと思う。それでどうしても従来のような変な習慣に捉われず、新たに本を作るということが必要であります。まず実地について現に日本の人が食べているものを土台にして書けば一番いい。春になって摘草《つみくさ》をする。タンポポを採り、ツクシを採り、ヨモギを採る。そういう実際に食用にするものを土台にして拵《こしら》えればいいわけであります。まずそういうような土台を作って、実際に行われておらぬものは、植物自然分類学などを参考として後から考えて、この草は何の属であるから食用になるものだというように、今まで用いていない新たな食品は後から研究してそれに付け加えればいい。例えば十字科植物の属にタネツケバナ（Cardamine）という植物がある。このタネツケバナの一種で実際食用にしている植物に、オオバタネツケバナというものがある。武蔵野原中にも、野州の日光にも、その他方々の山にもある。私の近所に三宝寺の池があるが、あの池の一部分にもある。そういう清らかな水のあるところには諸処にある。ここに今村繁三さんがお出でになっておられるが、今村さんの国分寺のお屋敷の中にもたくさん生えている。先年頂いたことがあります。国分寺停留場のある少し先を横へ入ると水の出てくるところがありますが、あそこへ行ってもたくさんにある。それを伊予の国の松山ではテイレギといいまして、八百屋に売っている。十二月頃それがたくさん出て、魚のツマにしたりして食用にしている。それをどこから松山へ持ってくるかというと、隣に高井という村があって、そこから持ってくる。松山の名物名所の俚謡《りよう》があるが、その中にも高井の里のテイレギと出ております。その属の中に、どこにも生えている植物で、前にも言ったタネツケバナというのがある。そのタネツケバナを嫩《わか》い時に採ってきて食用にすることができる。タネツケバナは毒も何にもない。上のテイレギ（オオバタネツケバナ）に近い種類で、それも食用にすることができる。こういうわけでちょっと植物の学問があると、その属のものは食用になるという予想がつくから、実際にそれらを採ってきて食ってみるというと、だんだん食品がたくさんになる。たくさんあればあるほど結構で、何もかも食えればこんな幸いなことはない。

右のテイレギというのは、葶藶というこの字面から来たものですが、実は間違えております。本当の葶藶はその種子が漢方の薬に能《よ》く用いられるものである。その種子に味の苦いのと、苦くないのとあって、その苦いのを苦葶藶、その苦くないのは甜葶藶といい、原植物が二つあって、これが薬用植物になっている。日本の人は葶藶というのはこれだろうか、あれだろうかと思いわずらった末、イヌナズナという草をそれだとしている。日本の普通の書物にはそう書いてあるが、それは本当いうと間違っているので、蒂藶は元来イヌガラシであります。しかるに昔、彼の松山の品を学者が見てこれを蒂藶だといったからそこでそれがテイレギということになって、松山の名物となっている次第です。これは何も松山に限ってあるばかりでなく、どこにもあります。右のようなことを考えるとどうしても植物の分類学の知識が土台になる。そういう知識があると、これは何の属に属するか、これは兄弟同士のものだというようなことが判るから、また毒のある植物か、毒のない植物かを定めるにも都合がいい。また今の蒂藶というオオバタネツケバナが食用になるからタネツケバナも食ってもいいということもすぐ考え出されるわけで、そういう風にしてだんだん食用植物の種類が殖《ふ》えてくるのである。

食用植物でもまた有毒植物でも、それらを研究するにはどうしても植物分類の知識が必要です。そうして研究してだんだん品を殖やして、百食えるものがあれば二百に殖やすということが必要であります。それからまた植物を分類学的に能《よ》く知っていれば間違いを起こさぬということにもなる。それにはこういう例があります。菊科植物にモミジガサという植物がある。東京の西の高尾山に行ってもたくさんあります。木の下等に生えていて三尺くらいの高さになり、草は大形でモミジのように分裂し、白い花が穂になって咲きます。このモミジガサの芽立った時にそれを採って奥羽地方では食料にし、その土地ではシトゲと称する。私もこれを食ってみましたが、フキのような香《にお》いがあって食べられる。春雪が消えると、里の人がそれを採りに行く。注意しますと、それと同じ場処に生えているものにトリカブトがある。このトリカブトは植物学上からいうと、Aconitum の属ですから有毒な植物である。その芽立ちの葉の状態が上のシトゲに能く似ている。それが一緒のところに生えているからよほど能く見分けなければならぬ。それを一緒に採ってきて食べると、トリカブトの毒に中《あた》って命を失うということになる。ズット前に新聞に、それを過って食って毒に中ったということが出ておりました。そういうことがありますから、やはり多少でも植物のことを心得ていないととんだ過ちを起こさぬとも限らないことにもなる。植物の分類学者だと、その植物の実物を見れば、ただ葉ばかり見てもこれは何科に属するということが能く判り区別ができるから、その点は都合がいい。

それから食用植物の例としまして、武蔵野に生えていながら東京の人も武蔵の人も誰も注意していないが、ある国ではこれを食品としている植物が一つある。それはアザミの類であります。アザミは割合に牛蒡《ごぼう》に近い種類であるから、したがって香も味もそれに似ている。牛蒡は日本の植物じゃない。あれは外から入った植物で、畑に作っております。牛蒡は牛蒡一種だけしかありませんが、アザミには大変種類がたくさんあって、日本では何十種という多数の品種があります。無論どれでも毒がないから食べられる。このアザミの中にゴボウアザミというのが一つある。それは昔の人がつけた名前で、根が牛蒡に似ておって食べられるからゴボウアザミと付けたが、このゴボウアザミが武蔵野にはたくさんあります。東の方にはないが、西の方へ行くと見られる。国立附近を歩くとそれが幾らでもあって採ってくることができる。そのアザミの根は長さが七、八寸くらいになる。短いのはもっと短いのもあります。太さは指くらいの太さで、枝が幾つにも分かれずに直下している。それが割合に軟らかくて、採ってきて煮て食ってもいいけれども、それを味噌漬にしてある地方では有名な名物となって、ずいぶん高い価で売っている。美濃国に岩村という町があるが、その岩村町ではこれを菊牛蒡といいまして、その根を味噌漬にして売っております。岩村の町に富安という大きな漬物屋があって、その店で売っております。やはり折なんかに詰めて売るわけです。なかなか買ってみると高い。あの辺では野にあるかどうか知らぬが、それを岩村町の隣村で桑畑の中へ作らせています。

それから出雲国と石見国との境に三瓶山《さんべ》という山があって、その山麓に温泉の出るところがある。そこではそれを三瓶牛蒡といってそれが一つの名物となっている。名は方々で違っておって三瓶山では三瓶牛蒡といい、岩村では菊牛蒡といっている。その実何であるかというとゴボウアザミである。それだから私は能《よ》く人に勧めていう、なぜ武蔵野で一つの名物を作らぬかと。野生の奴は硬かったり根の形状が悪かったりすることがあるから、その種子を採って畠に蒔いてそれを作って、武蔵野牛蒡とか、何とかいう名をつけ、その味噌漬を料理屋にでも持っていって、大いに売れば一廉《ひとかど》の商売になる。それをそのまま放っておくのは惜しいものです。私が失業したらそういうことを知っているから早速やらんとも限らないが、職業を探している人は早速それに着眼してやってみたら一つの商売にありつくと思う。

それは食った時に味が佳《よ》くないといかぬが、ゴボウアザミを味噌漬にしたものは味がとてもいい。まず第一歯切れがいいものである。食べるとカリカリと音がする。そして牛蒡らしい強い香《にお》いを持っており、その香いは牛蒡よりもいいから、資格は十分に備わっている。これを大いに売り出せばいいが、売り出さなくとも家庭用のものとして、畠の縁に作っておいて、平常の食料にしてもいいし、お客が来た時に出しても結構なもので、ことに珍らしいものである。そういうようなものは飢饉はなくとも平常の食料にできる。こんな佳いものを捨て置くのは残念である。これは世間の人がそのアザミが食物になることを知らないから放っておく。これはすぐ眼の前にあるのだから、私どものいうことを聴いた人が早速実行すればできるが、人というものはすぐ実行するものじゃないから、話は頻々してみても誰も実行することをせずに了《おわ》っている。それは残念だと思う。

それから武蔵野は昔火山の灰の積もった土地だから、石がなくて土が深い。したがって大根がたくさん穫れる。練馬大根の産地である。それと同時に能《よ》くできるものは牛蒡です。牛蒡の根は非常に長く直下した佳《よ》いのができる。アザミ類とか牛蒡とかいうものは武蔵野は能く適している。今のゴボウアザミを植えても武蔵野原ならば能くでき、立派な根が得られるから都合がいい。

それからアザミの類はどんなものでも食用になる。越中の立山へ夏行きますと、山の上の方に芽立ちの植物がずいぶんある。あそこのタテヤマアザミというのは根を食うのでなく、その芽立ちを食う。それを汁に入れて能く食う。それから東北地方へ行くと、アザミの若葉を食べる。あれは毒のないものですから、利用のできるだけは利用していいものです。

それから富士山へ行くと、これは日本ばかりでなく世界の薊《あざみ》の王様といっていいくらいのアザミがあります。秋に富士つづきの籠坂峠《かごさか》に行くと、高さ五尺内外もあるような、巨大なアザミがあって、花の咲いた時はそれが道の縁にたくさんに見られる。富士山にたくさんあるから植物学界でフジアザミといっているが、これは富士に限ったことはなくまだ他にもあります。ああいう火山の岩屑がたくさん砂礫《されき》のようにすざれているようなところに育つアザミです。根が非常に長い。そのアザミの皮がまた食用になる。富士山の下に須《す》走《ばしり》というところがありますね。あの辺では須走牛蒡と呼んでいる。また富士牛蒡といっていることもあってアザミとはいってはおらぬ。牛蒡といっている。その根を採ってきて、水に浸けておくと皮が剝げて取れる。厚い皮が食い付いている。その皮は肉が厚くて香《にお》いがある。黒い上皮をこそげ取ると白くなる。それを細く刻んでキンピラ牛蒡となして食べる。それは牛蒡よりずっと香いが強烈で、美味しく食べられる。このフジアザミを私は一度庭へ植えてみたことがあるが能くできます。フジアザミを作ろうと思えば幾らでも作れる。葉に刺《とげ》があって痛いから閉口しますが、これは大したことではない。飢饉とか何とかいうことは別問題として、平常の家庭の食膳の上の食料としても大変に興味がある。

それから人の能く飛び込む伊豆の大島の辺にアシタバという大きな繖《さん》形《けい》科の植物がある。ウドのように高さが五、六尺に成長し、非常に丈夫な草です。それを大島では食用にする。大島ばかりではなく相模半島辺でも食用にしているところがあります。このものは昔から食用にされておって、馬琴《ばきん》の『椿説弓張月《ちんせつゆみはりづき》』という小説の中にもアシタバのことが書いてある。これは前から有名な食用植物で、自然に生えるのを採ってきて食べている。それは非常に強い、勢いのいい草でありますから、今日刈り取っておいて、さらに明くる日行ってみると、もう葉が出ている。明日の葉というところからアシタバという名がある。もしもこれを畠に作れば非常に能く芽立ってきましょうから、それに藁と土とをかけ、モヤシ式に作ってみたらと、前から思っておりますけれども、まだ実行せずにおります。もしもこれをモヤシ式にやったらずっと軟らかくなり、もっと穏和な香がするでしょう。それをやってみたらどうかと思うのです。これは、ことによると普通の八百屋に出る野菜にすることができようと思います。しかし今日それを実行している人が一人もないのはまことに残念だ。

それからヤオヤボウフウ（八百屋防風）というのは刺身のツマによくつけるが、この葉柄の赤いボウフウを作っているところがあります。作るといってもただ砂浜で砂をどっさりかけて、もやし式に作るというだけです。あれでも作らぬとたくさん得られぬから作っている。砂浜に作れば幾らでもできる。ヤオヤボウフウの食べるところは、青い葉があまり出ないうちの葉柄ですが、葉が出ても初めのうちなら赤い葉柄は食べられる。あの葉柄を食用にすると美味しいもので、いま八百屋ではもやしにしたのを売っている。こういうものも作り方の改良のしようによっては好いもやしができると思う。これも海岸にある野生の植物を利用したものであります。

それからこれも繖形科のもので、ボタンボウフウというのがある。相州の江の島などに行っても能く見られる。葉が牡丹の葉のようで、白い粉をふいている。ちょっと盆栽にでもしたいような姿をしている。そのボタンボウフウというものを採ってきて、それの軟かいところを食用にする。私も食べてみましたが、大して美味しくはないけれども食べられる。ある時関東地方のあるところに、それがたくさん作ってあったから、これは何というものかと聴いてみたら、これは食用ボウフウというものだと言っておった。海岸に行けばたくさんある。そして大きな草ですから畠で作って若芽を食用にすればよい。あまりい い香いではありませんから好かぬ人もあるかもしれぬが、とにかくこれらも利用のできる植物である。

それから東京上野公園の後ろの鶯谷の停留場を五月頃通りますと、あの崖のところに真白い花を傘形に咲かせたかなり粗大な草がある。あれはハナウドという植物であります。

昔徳川時代には芝の増上寺にあれがあって、その時分には増上寺白芷《びゃくし》という名もあった。このハナウドの葉が食用になる。あれの若い葉を採ってきて食べる。これもあまり佳い香いではありませんけれども、国によってはそれを食べているところがある。これも食用になる植物であります。

こういうように注意して見ますと、食用になる植物はずいぶんあります。そんなものを放って捨て置くのは惜しいから、採ってきて食べるといいのだが、外聞を憚《はばか》ってそうせぬ人も多かろう。あそこの家は貧乏だから始終野の草を採ってきて食べ、野菜はよう買わぬなどといわれる。それに閉口して採りに行かぬ（笑声）人がないとも限らぬ。ありそうなことです。そんな馬鹿らしいことに頓着なくいろいろなものを採ってきて食う勇気を出してもらいたいもんだ。

そこで、お母さんがいろいろ植物の知識を持っていて、それを食膳に上《のぼ》せた時に、我が子供へいろいろな話を通俗的に聞かせて、子供に食べさせることにしますと、その子供は家庭でいろいろな知識を得るということになり、学校に行った時に非常に都合のいいことになる。私等はそういうお母さんが欲しいと思っている。ただそういうような植物ばかりでなく、コーヒーでも紅茶でも、あるいはココアのようなものでも、子供に飲ませる時に、コーヒーというものはどこに産するもので、どういう風にして拵《こしら》えるとか、コーヒーの実は生の時はこうだとか、あるいは初めてトルコのコンスタンチノープルという街にコーヒー店ができて非常に流行《はや》ったというようなことを話しますと、子供さんの知識も殖《ふ》えてくる。子供というものは、それからそれへと聴きたがるものですから、そういう風にすると、非常に教育上巧《うま》く行きはせぬかと思う。

それからまた話がちょっと前へ戻りますが、先程お話したように日本では植物の名前の適用を誤っているものがかなり多い。今日ジャガイモを普通馬鈴薯といっている。しかしジャガイモを馬鈴薯というのは大変な間違いであって、人間を見て犬といっているようなものです（笑声）。それが間違っているのだと一人や二人で叫んでみてもなかなか社会に反響がない。みな馬鈴薯馬鈴薯といって通している。文章などにも馬鈴薯と書いている。こういう人は我々から見ると馬鈴薯というものを能《よ》く知らない人だと思うけれども、知らないのが常識だから仕方がない（笑声）、知っているのは特別だ。馬鈴薯というのは元来どこの国の植物かというと、これは字が示すごとく支那の植物である。どんな植物かというと、本体は判らぬが、書物で見てみると、馬鈴薯は、無論いまのジャガイモじゃない。馬鈴薯というのは蔓の植物で、その蔓が樹木によりかかり、それに葉が着き、薯を掘ってみると大小があって円《まる》く、ほぼ鈴の形をしており、色が黒くて味が苦甘い、かくのごときものである。この文章を見て昔の学者がジャガイモに持っていって充《あ》てはめた。それを有名な学者が言ったので、あの人が言ったことなら間違いはないというので、その馬鈴薯をジャガイモと極《き》め今日に至っている。ところがその形態または年代から考えてみてもそれは当っていない。ジャガイモというのはどこの国の植物かというと、これは南米のペルー並びにボリヴィアのアンデス山温帯地の原産植物で、それが昔十六世紀の初めにヨーロッパに入った。そしてヨーロッパで約十年程くらいも経た時分に日本に入ったものである。今日では通常ジャガイモと言っているけれども、これは元来はジャガタライモというものである。これをジャガタラというから、それがジャワにたくさん作ってあって、そうしてジャワから日本に持ってきたように誰でも思っているようだけれども、そうじゃない。ジャワは熱帯国で、山の上には温帯地がないでもなければど、下の地ではそこにジャガイモは作っていないであろう。日本に入った道行きを考えてみると、原産地からヨーロッパに入って、十年程も経った時分ではもはやヨーロッパでは大変重要な食物になっておったであろう。そこでその時分オランダの船がヨーロッパから日本へやって来た。この時分にスエズの運河はなかったから、ずっとアフリカを外廻りして来なければならぬ。喜望峰を経て、印度洋を抜けて東洋へ来る。その長い航海の間に、船員がたくさん乗っているから食物を積み込んで来なければならぬ。ジャガイモはいつまでも貯えるに世話のないものであるから、それをうんと積み込んで東洋へ来たのであろう。そしてその船員の食べた残りのジャガイモを日本にくれたものではなかったかと思う。たぶん、これは日本へくれるために、わざわざ遠く本国から持ってきたものではなかろうと、考える。どうも、そう推し考えるが至当であると、感ずる。日本へ入ったのは織田信長時代の天正四年〔一五七六〕、すなわち、今からおよそ三百六十八年ほど前で、その後高野長英《ちょうえい》の著した『二物考《にぶつこう》』という本に今のジャガイモと夏蕎麦《そば》とのことが書いてある。蕎麦には夏蕎麦と秋蕎麦とがあって、夏蕎麦は夏稔り、秋蕎麦は秋稔る。蕎麦としては秋蕎麦の方がいい。そして夏蕎麦は前には日本になかった。右の秋蕎麦は支那から来たものですが、それから後に長英の時代に夏蕎麦が入ってきた。この『二物考』という本を見ますと、夏蕎麦とジャガイモは日本に有用なものだからというので、それを解釈した外《ほか》に、ごく親友であった渡辺崋山《かざん》の書いたジャガイモの図が入っている。ジャガイモが支那に入ったのも日本へ来たとほとんど同時ぐらいなところであったろうと推定せられる。ジャガイモは支那の植物ではないから、古くから支那の名なんかあるはずがない。ところが馬鈴薯という名は支那に昔からあった。これはジャガイモが支那に入らぬ前から、支那にある植物なのだから、そんなものがジャガイモであろう理窟がない。そんなイキサツは前の学者は知らなかったから、ジャガイモは支那に昔からあったと感じて、なおさらジャガイモに馬鈴薯という名を当てはめたものだ。しかしそれは大変な間違いである。

　それから支那本国の人はジャガイモを馬鈴薯というかというと、そんなことはいわない。そこは支那人は日本人より徹底している。ヨーロッパから持ってきた薯だから支那人はこれを洋芋といっている。時によると洋芋というのと音が同じだから陽芋と書いている。これはただ音から来ていて陽には別に意味はありません。洋芋は海外から入ってきた芋という意味である。支那人は日本から入ったものにも洋の字を使っている。例えばアジサイは日本から支那に入った植物で、これを紫陽花と書くのは間違いであるが、そのアジサイを支那人は洋繍毬といっている。洋は外から来たことを意味する。支那では洋というと必しも西洋に限らず、東の日本から来たのでも洋と言っている。

ジャガイモは支那ではなお二つの名がある。すなわちその一は荷蘭薯である。荷蘭というのはオランダですね。今一つは山薬蛋である。右の荷蘭薯と山薬蛋と前の洋芋と陽芋と、この四つがジャガイモに対する支那の名である。ところが今日支那人は日本の書物を見て、日本人の書いた誤りを誤りと知らず、日本人の書いたものをそのまま用いていることが多い。支那は今そういうような現状です。今日の支那人が馬鈴薯と書いているのを見て、支那人の本にも馬鈴薯と書いてあるから、馬鈴薯が本当だというのは間違いで、それは日本から輸入した誤りを支那人が鵜呑みにして書いているわけだ。そういう類がたくさんあります。今日の本では支那人がそう書いているといっても少しも当てにならぬ。それを根拠として論じたら間違いが起こるから、うっかりしたことはできぬ。

ある書物に、馬鈴薯とはマレー薯の意で、これがマレー（馬来）群島中のジャワ（爪哇）から来たからソウ書くのだとの意が述べてあった。これはなかなか甘《うま》くできているが、しかしこんなことは全然ウソである。

ジャガイモはジャガイモといえばそれでいい。馬鈴薯ということは廃さぬといかぬ。馬鈴薯と書くとまず第一書くのに字画が多いから面倒だ。以前にはジャガタライモといったが、これも長いから縮めてジャガイモといえばよく、世間ではすでにそのように呼んでいる。牧野富太郎といえば長いからやはり縮めて牧富といえばいいわけだ（笑声）。帝国大学を縮めて帝大といい、ここの慶應義塾大学でも慶大というでしょう。そういう風にいうことが流行っているから、ジャガタライモというところをジャガイモといい、馬鈴薯と書かずにジャガイモと仮名で書けばいいわけであります。ジャガイモといったからとてその人に学問がないとか、本字を知らぬとかいうようなことを笑う人は一人もない。かえってカナの方が分かってよいということになる。私は馬鈴薯と書いている人を見ると、こいつ、まだこのくらいのことを知らないか、とそのくらいに思う。これからジャガイモはジャガイモといい、馬鈴薯というのは今日から早速排斥してもらいたい。馬鈴薯というのは由来支那の植物である。日本の植物を書く時には日本の名でいい、何も漢字はいらぬことで、アジサイを紫陽花と書き、カキツバタを燕子花と書く必要は少しもなく、アジサイ、カキツバタでいいわけであります。まして紫陽花はアジサイではなく、燕子花はカキツバタではないから、なおさらそんな字を用いるに及ばぬ。一体支那の名を書くといろいろ面倒が起こる。例えばヒノキという字を書くのに檜という字を書きましょう。誰も疑わずに書いている。しかしこれはヒノキじゃない。檜という本当の植物は伊吹ビャクシンである。ヒノキはヒノキと仮名で書けばいい。ヒノキは原始時代にその木を揉んで火を出したから火ノ木という由緒ある名ができたのである。

それからまた欅の字をケヤキと訓《よ》んでいるが、ケヤキは支那にないことはないが、支那の名は分からない。そんなら欅というのは何であるかというと、日本にない木である。日本に全然来ちゃいないかというと、支那から少しは来ていて、日本では植物園のようなところにある。サワグルミという木の類で一抱えもあるような大木になる。クルミのようなあんな円《まる》い実はできなく、サワグルミのように実が穂になって垂れている。それを普通にカンボウフウといっている。それが欅という植物である。ちっともケヤキじゃない。日本では習慣になっておって、欅と書けばケヤキと認識することになっているが、それは間違いである。このように字の誤りはずいぶんある。

文字の講義になってしまったが、楠正成のあの楠という字もあれはクスノキじゃない。クスノキは樟で、これが本当のクスノキである。楠は、後の学者があれはユズリハだと言ったが、ユズリハは支那にない植物で支那の名はない。そんなら楠は何かというと、元来楠というのは日本にはない。何科に属する植物かというと、あの江の島などにもあるイヌグス一名タブノキの類である。このタブノキは線香を作る時にその葉のねばねばした汁を採ってそれを固める。またその材は建築用にもなるという木である。楠はこのタブノキの一種で、それに似た樹木で、支那ではこれをナンといっている。そしてその実物は日本で見ることはできない。この木は古い葉が落ちて新しい葉が芽立つ。ユズリハもやはり古い葉と新しい葉とが代わる。そして葉の形なども考え楠をユズリハだとした。そうして楠には交譲木という一名がある。それで能《よ》く日本の書物に交譲木と書いてユズリハと訓ましている。互いに譲って古い葉が落ち新しい葉が出換わるから字面としてはいいけれども、それはもとより誤りである。上文のように交譲木というのは楠の別名である。前の人が楠をユズリハといったから、その一名である交譲木がユズリハとなった。いかに字面がよくても交譲木をユズリハに用いるわけにはいかぬ。楠は新旧の葉が入れ替わるということがハッキリしているから、支那でもそれで交譲木といったのでしょう。ユズリハは漢名不確かゆえ強いて漢字で書きたければ譲葉と書けばいいわけだが、これは単に日本の名を漢字で書いたというのに止まる。

ある薬学専門学校かどこかで植物の漢名の本を出した。私も一部貰ったが、あれには漢名と漢字名というものをごっちゃ混ぜにしている。何でも漢字で書いたものなら漢名だと思っている。漢名というものは山茶とか、瑞香とか、水仙とか、忍冬とか、交譲木とか書いたのが漢名すなわち支那名である。ユズリハを譲葉と書くのは漢字名であって漢名ではない。これを間違えて、日本では玉石混淆し、味噌も糞も一緒にしている。それは人を迷わして都合が悪い。それをまず訂正して、漢名と漢字名とをハッキリさせていただきたい。世間ではいろいろ混同して用いている。始終専門にやっている人はその区別が判るけれども、普通の人には判らぬ。譲葉と書いても漢名だと思っている。いろいろ混雑を起こしてくるからぜひとも漢名と漢字名とをハッキリ区別させておかぬといかぬと思う。

しかし現代日本の言葉は漢字仮名混用でありますから、これは両方混ぜて用いても不都合はなけれども、日本の植物の名は、特に必要な場合は別として、普通には漢字名も漢名も用いず、それを仮名で書くことにしたらよろしかろうと思う。私は明治二十年〔一八八七〕頃からそういう主張で植物の科名も仮名で用いることにした。私は日本の植物の名は全然仮名で書くのがいいと思う。

それからちょっと横道へ入りますが、今日問題になっているローマ字なんかにしても、私は日本式のローマ字は非常に嫌いだ。こんなことをする必要は少しもない。元来ローマ字というものは日本の言葉を世話なしに西洋人に読ますに便利だということに出発している。西洋人がなかったらそんなものは必要はない。日本人ばかりならローマ字の心配は要らぬわけである。西洋人が対象だからローマ字が要るということになるが、そんなことは西洋人に委《まか》せておけばよろしい。日本人が西洋人に向って日本式に書けなどと指図する必要は少しもない。向うの人がイチゴ（苺）をIchigoと書いてイチゴということが判るといえば、それを日本人がちっとも干渉する必要はない。向うに委せておけばいい。ヘボン式にチをChiと書いて西洋人が判る判るといえばそれでいい。従来何の不都合なしに多年それで通っているのに、今にわかにそれを日本式にtiと書けと強要する必要は少しもない。

これは平地に波を上げるようなものだ。私は文部省や陸軍省が日本式ローマ字を許して採用するのは怪《け》しからぬことと思う。私が文部大臣だったらそれを許しはしませんネ。日本式に ti と書いても純粋の日本音チは出てこない。かえって Chi の方がチに近い。そういうわけだからあんなものは西洋人に委せておけばいい。日本人がちょっかいを出す必要は全くない。これが反対にもし西洋人が日本の仮名の書き方が悪いといえば誰も承知しますまい。それと同じように向うの言葉だから向うに委せておけばいい。日本人が何とかかんとかいうのは余計なことだ。外務省はあれを変えたら国際間に非常に面倒だから賛成しない。あれを変えたらたちまち混雑を起こすようになる。例えば Chishima と書くのも変えなければならぬ、Kagoshima と書く時も変えなければならぬ。非常に不便が起こる。いろいろ捫着《もんちゃく》が起こらぬとも限らぬ。何故そんな馬鹿らしいことをする必要があるか。私にはどうもその心理状態が判らぬ。私はローマ字に対してはそういう意見をもっております。

余談が長くなったが、とにかく食用植物に注意を願いたい。それは世の中のためでもあり、また家庭のためでもある。食物のことは主に女の受持ちのようになっておれども、男の人も家庭の人ですから、これに協力していろいろ世話すべきであると思う。

今ちょっと摘草《つみくさ》のことを述べてみますと、私はこれを今日よりはもっと意義のあるようにしたらよいと思う。日本には食用になる植物がはなはだ多い。野に行くと摘んできてよいものがたくさんある。摘草に行く時は指導者があって、そういう方面のことに明るい人と一緒に行けば大いに能率があがる。学校の先生のような人を頼んで一緒に連れていってもらって、いろいろなものを教えてもらうと非常によろしかろうと思う。そうすると、月並的に採るモチクサ、ツクシ、タンポポ、セリなどの外に、いろいろな草が採れる。春土手にたくさん出ているワスレグサの三、四寸くらいの芽立ちを採ってきて、ヌタ和えにして食べるとそれはとても美味いものです。それを食った時の感じは、なぜこういう美味いものを畠に作らぬかと思うほど美味い。知っている人と一緒に行かないと、たいていツクシを摘むとか、モチクサを採ってくるくらいで、採ってくるものが限られているから興味も薄く獲物も少ない。野には多くの草があるからもっといろいろなものを採ってくることにすればズット面白いことと思う。

それからこんな時に判りやすい手引きになるような本ができていれば道しるべになるのだが、このような食物になる植物だけを集めて書いた本が一つもない。名称と形状となどを知る本ならば誠文堂発行の『原色野外植物図譜』があるからこの本で見たらよいでしょう。そうしてそこらにたくさん生えている食用になる草、あるいは木の芽を摘んでくるようにすればお惣菜の一つになるわけでありますから非常に趣味が湧くわけなんです。

もう一つ私の残念に思うことは春の七草です。秋の七草は観賞用の植物ですが、春の七草は食用の植物である。ところが正しい春の七草は揃えて味わった人はほとんどないでしょう。今は亡くなられたが成蹊学園を経営された中村春二先生が御病気になられた時に、私は正しい七草を揃えて籠に入れ、名をつけて先生に贈った。先生は、二、三日の間それを床に置いてながめ楽しんで、そうして七草の日が来たのでそれをお粥の中に入れて食べられた。先生は生まれて初めて七種揃うた七草を食べることができたといって、大変喜んでお手紙を頂いたことがありましたが、私は日本国中の人にというと少し広いが、少なくも東京の人に本当の七草を揃えて食べさせる方法はないかということを考えています。それについて一つ案がある。それはデパートでも、また八百屋でもいいが、チャント七つ品の揃った七草を売るといい。七草の材料を採ってきて直径五寸くらいの手のついたサッパリした雅美な上品な籠に盛り、その七草へ各《おのおの》名札をつけ、そして七草の歌「芹なずな御形《おぎょう》はこべら仏の座すずなすずしろこれや七草」というのを短冊に優美な字で書いてその籠に結び付け、別に七草のいわれやその着色図を書いた一枚摺りの紙を添え、それを売るんですね。デパートかどこかで、七草の二、三日前に売り出す。一籠十銭くらいで売り出すという習慣になったら、みんな買いに行くだろうと思う。そうすればまた七草というものがみんなに徹底することになりはせぬかと思う。

その七草を採りに行くのにどこに行ったら一番よいかというと、武蔵野はなお寒くて仕方がないが、相州逗子《ずし》から鎌倉方面に出動すると何もかも揃うて得られる。それは土地が暖かいので早く生えているからである。

それから、畏《おそ》れ多くも宮中の七草は一体どこから差し上げているものか、どんなものを差し上げているかということを私は知りたい一つなんです。宮中のことでありますからきっと七草を揃えることになっていると思いますが、七草は従来の通りやると誤りができるのです。従来の七草には間違ったのがある。それを私等は研究しておいたが、仏の座というのは、実は本当の仏の座が用いられていなく、別の誤った仏の座が用いられている。これはぜひとも正しい品を用いねばならぬ。七草だけでもその草にはなかなかいろいろな事柄を含んでいる。御行《おぎょう》というのはどういう意味でそういうか判らぬが、これはハハコグサといっているものである。ハハコグサというのは発音的に書けばホーコグサというのが本当である。現に農夫はホーコといっている。このホーコといっている語原がどこから出たものかそれが判らぬ。あるいは古く支那の蓬蒿という名前からでも来たものかもしれぬが、これはなお研究を要する。ホーコを仮名で書くとハハコとなるので、そこでこの葉が母子草と書くようになって、それをハハコグサと呼んでいるが、これは『文徳実録《もんとくじつろく》』という本が基となっている。同書によると、ある時民間での謡を聞くと、今年の三月には餅へ入れるハハコグサがないという意味の謡であって、それがどこからとなく流行《はや》ってきた。それを識者が聞いて、どうもあの謡はいい謡じゃない、何か世の中に変わったことがなければいいがと心配しつつ評し合っていたところが、果たしてその時の皇太后がおかくれになり、少し経つとまたその時の天皇がおかくれになった。母と子が亡くなったということになり、初めて世の中に自然に流布した謡はこういう変わったことのある讖《まえぶれ》をなしたものであったということが書いてある。そこでこの因縁話からホーコがハハコとなり、ハハコグサ（母子草）となったわけだ。そしてこの母子草の名は『文徳実録』から前にはなかった。この草をハハコグサ（母子草）というのはいかぬというわけは、右の『文徳実録』を書いた歴史家がいい加減に作った名であるからである。すなわちこの草は本当はホーコ（ハウコ）というのが正しいのだとは私の意見です。いろいろの学者は母子草は『文徳実録』が元だと言っているところを見ても、その名がこの書物以前にはなかったことが想像せられる。ゆえにこれはどうしてもハハコグサ（母子草）といわずに発音ホーコグサというのが本当の名であると信じます。この草は田の縁などに行くとたくさんある。黄色い小さい花が咲く。そのぶつぶつした花が糀《こうじ》に似ている。黄色い糀に似ている。それで支那では鼠麹草《そきくそう》といい我邦ではところによるとコウジバナと呼んでいる。このホーコグサの黄色い花を支那人が染料に使う。それを前に言ったカンボウフウの欅の皮と一緒に煮出して衣を黄色に染める。日本ではそんなことはしないが支那ではそうすると書物に出ている。右のようなわけで七草でもその中に含まれたいろいろの事柄を知っていると非常に面白い。単に食べるばかりでなく興味がある。

　それからスズナ、スズシロにしても普通は蕪《かぶ》、大根といっているが、七草の時はスズナ、スズシロといわぬといかぬという習慣である。スズナは蕪をいい、スズシロは大根をいう。ところが「スズ」というのが面白い。スズナのスズの意味とスズシロのスズの意味とは違う。スズシロという時は清らかな白いという意味で、スズナという時は小さいという意味で小蕪を用いる。そういう事柄を聞いても趣味が出る。

趣味の話ですけれども、人間の一生涯は長いでしょう。その一生涯の長い間に、植物に趣味を持つくらい得なものはない。私が植物学者だからいうじゃないが、植物はどこにでもあり、いつでもある。それに趣味を持つということは、例えば芝居の好きな人が芝居を見、浄瑠璃の好きな人が浄瑠璃を聴いて面白いのと同じことで、植物に趣味があれば植物を見るのが非常に楽しい。好きさえすれば楽しみの分量はどれでも同じことである。その愉快を年中続けるということはこんな結構なことはない。人間はやはり愉快なということが続くのが一番いい（笑声）。心も平に穏になる。怒ることも少ない。植物に趣味を持つと気持ちが和やかになる。人間は喧嘩せずして和しているのが、人との交際上一番いいことですナ。

それから植物は嫌な思いをすることがない。動物は嫌な思いをすることがある。例えば犬が糞をすれば嫌な思いをするでしょう。植物はいつも清らかな様をしている。こういう家の周りにも木を植えてある。鳥や犬や猫は飼ってないが植物は植えてある。それを見ても植物のいいことが判る。赤、紫、黄、白などの色の花を見たならば誰だって悪い思いはしない。いい思いこそするけれども悪い思いはしないので情操を養うことにも大変に役立つ。

そうして植物に親しむと非常に身体が健康になる。始終外に出ると日光浴ができ、清らかな空気が吸われ、また運動が足ってしたがって血行が良くなり、血色も好くなる。人間は青い顔をしているというのではいかぬ、いつも生気に満ちた体になっていなければならぬ。それには新陳代謝の機能が良くなければならぬ。それにはどうしても植物に趣味をもって時々外に出で運動が足ればよい。毎朝顔を洗う時に湯を使わずに水でやると血行もよろしくなり、新陳代謝の働きも強くなって、したがって顔色に生気を帯びてくる。

支那人は憂いごとがあった時はこの花を見よといって、前にお話したワスレグサを家の庭に植えておいてそれを眺める、そうすると憂いが解けると言っている。何もこれはこの花に限ったことはなく美麗な花なれば何でもよろしい。植物に趣味があれば心配のある時、あるいは気の浮かぬ時は草木の花を眺むればよい。この無邪気な綺麗な花に対すれば憂顔もたちまち笑顔となるであろう。どうかみなさんは植物に趣味を持っていただきたい。しかしそうなる根本は植物を知っておらなければならぬから、どうか植物に注意していただきたいということをお願いする次第です。

誠にハヤ脱線続きでございまして、食用の方の話はいつの間にか消し飛んで御留守になってしまいどうも相済みませんでした。それではこれで、おいとま申します。

（拍手）

〔補〕　前にユズリハが支那にはないと述べたがこれは私の思い違いでこの樹はまた支那にも産する。そしてその漢名を山黄樹というとある。上にも言ったように、このユズリハを交譲木と言うのは誤りであることを知っていなければならない。従来日本の書物には能《よ》くこの間違いを敢えてしているので大いに注意を要する。

植物と人生

植物に感謝せよ

植物と人生、これはなかなかの大問題で、単なる一篇の短文ではその意を尽くすべくもない。堂々数百頁の書物が作り上げらるべきほどその事項が多岐多量でかつ重要なのである。

ところがここには右のような竜頭的な大きなものは今にわかに書くこともできないので、ほんの蛇尾的な少しのことを書いてみる。

世界に人間ばかりあって植物が一つもなかったならば「植物と人生」というような問題は起こりっこがない。ところがそこに植物があるので、ここにはじめてこの問題が擡起《たいき》する。

人間は生きているから食物を摂らねばならぬ。人間は裸だから衣物を着けねばならぬ。人間は風雨を防ぎ寒暑を凌がねばならぬから家を建てねばならぬので、そこではじめて人間と植物との間に交渉があらねばならぬ必要が生じてくる。

右のように植物と人生とは実に離すことのできぬ密接な関係に置かれてある。人間は四囲の植物を征服していると言うだろうが、またこれと反対に植物は人間を征服しているといえる。そこで面白いことは、植物は人間がいなくても少しも構わずに生活するが人間は植物がなくては生活のできぬことである。そうすると植物と人間とを比べると人間の方が植物より弱虫であるといえよう。つまり人間は植物に向うてオジギをせねばならぬ立場にある。衣食住は人間の必要欠くべからざるものだが、その人間の要求を満足させてくれるものは植物である。人間は植物を神様だと尊崇し、礼拝し、それに感謝の真心を捧ぐべきである。

我ら人間はまず我が生命を全うするのが社会に生存する第一義で、すなわち生命あってこそ人間に生れ来し意義を全うし得るのである。生命なければ全く意義がなく、つまり石ころと何の択ぶところがない。

その生命を繋いで、天命を終わるまで続かすにはまず第一に食物が必要だが、古来から人間がそれを必然的に要求するために植物から種々さまざまな食物が用意せられている。チョット街を歩いても分かり、また山野を歩いても分かるように、街には米屋、雑穀屋、八百屋、果物屋、漬物屋、乾物屋などがすぐ見付かる。山野に出れば田と畠とが続き続いて、いろいろな食用植物が実に見渡す限り作られて地面を埋めている。その耕作地外ではなお食用となる野草があり、菌類があり木の実もあれば草の実もある。眼を転ずれば海には海草があり淡水には水草があって、みな我が生命を繋ぐ食物を供給している。食物の外にはさらに紡績、製紙、製油、製薬等の諸原料、また建築材料、器具材料などがあって吾人の衣食住に向って限りない好資料を提供しているのである。そこで吾人はこれら無限の原料を能《よ》く有益に消化応用することによって、いわゆる利用厚生の実を挙げ幸福を増進することを得るのである。

長生の意義

人間のかく幸福ならんとすることはそれは人間の要求で、またその永く生きて天命を終わることは天賦である。この天賦とこの要求とが能く一致併行してこそ、そこにはじめて人間のこの世に生まれ出てきた真の意義がある。人間は何故に長く生きていなければならぬ？　また人間は何故に幸福を需《もと》むることを切望する？　〔そ〕の最大目的は動物でも植物でもおよそ生きとし生けるものはみな敢えて変わることはない。畢竟《ひつきよう》人間は我が人間種類すなわちHomo sapiensの系統をこの地球の滅する極みどこまでも絶やさないようにこれを後世に伝えることと、また長く生きていなければ人間と生まれきた責任を果たすことができないから、それである期間生きている必要があるのである。

世界に生まれ出たものただ吾れ一人のみならば別に何の問題も起こらぬが、それが二人以上になるといわゆる優勝劣敗の天則に支配せられてお互いに譲歩せねばならぬ問題が必然的に生じてくる。この譲歩を人間社会に最も必要なものとしてその精神に基づいて建てた鉄則が道徳と法律とであって、ほしいままに跋扈《ばっこ》する優勝劣敗の自然力を調節し、強者を抑え弱者を助け、そこで過不及なく全人間の幸福を保証したものだ。これが今日人間社会の状態なのである。

ところがそこにたくさんな人間がいるのであるから、その中には他人はどうでもよい、自分独りよければそれで満足だと人の迷惑も思わず我利な行いをなし、人間社会の一人としては実に間違った考えをその通り実行するものがあって、社会の安寧秩序がいつも脅かされるので、そこで識者はいろいろな方法で人間を善に導き社会を善くしようと腐心している。今たくさんな学校があって人の人たる道を教えていても続々と不良な人間が後から後から出てきてひどく手を焼いている始末である。

植物と宗教

私は草木に愛を持つことによって人間愛を養うことができ得ると確信して疑わぬのである。もしも私が日蓮ほどの偉物《えらぶつ》であったなら、きっと私は草木を本尊とする宗教を樹立して見せることができると思っている。私はいま草木を無駄に枯らすことをようしなくなった。また私は蟻一疋でも虫などを無駄に殺すことをようしなくなった。この慈悲的の心、すなわちその思い遣りの心を私は何で養い得たか。私は我が愛する草木でこれを培《つちこ》うた。

また私は草木の栄枯盛衰を観て人生なるものを解し得たと自信している。これほどまでも草木は人間の心事に役立つものであるのに、なぜ世人はこの至宝にあまり関心を払わないであろう? 私はこれを俗に言う「食わず嫌い」に帰したい。私は広く四方八方の世人に向うて、まあウソと思って一度味わってみてくださいと絶叫したい。私は決して嘘言は吐かぬ。どうかまずその肉の一臠《いちれん》を嘗めてみてください。

みなの人に思い遣りの心があれば、世の中は実に美しいことであろう。相互に喧嘩も起こらねば国と国との戦争も起こるまい。この思い遣りの心、むつかしく言えば博愛心、慈悲心、相愛心があれば世の中は必ずや静謐《せいひつ》で、その人々は確かに無上の幸福に浴せんことゆめゆめ疑いあるべからず。世のいろいろの宗教はいろいろの道をたどりてこれを世人に説いているが、それを私は敢えて理窟を言わずにただ感情に訴えて、これを草木で養いたいというのが私の宗教心であり、また私の理想である、私は諸処の講演に臨む時は機会あるごとに、いつもこの主意で学生等に訓話している。

また世人がなお草木に関心を持っていなければならないことは、これが国を富ます工業と大関係があるからである。日本の国は富まねばならぬ。今日世界の情勢を観、また我が邦の現状を見つむる者は、我国を富ますことは何より大急務であることを痛感するのであろう。我が邦はこれから先ウント金が要る。国民はこの我が帝国を富ますことに大覚悟を持たねばならぬ。金は国力を張る一の片腕である。人間無手の勇気ばかりでは国は持てぬ。独立もできぬ。一方に燃ゆるがごとき愛国心と勇気、一方に山と積む金、この二つの一を欠けば国が亡びる運命に遭遇する。そこでこの金を、工業を隆盛にして拵《こしら》える。その原料はこれを世界に需《もと》め、それを日本人の手によって製品化し、一は吾人の生活を改善安定し一はそれを世界の人間に供給して金を集むる。

その工業の原料の大切なる一は植物であることは識者を俟《ま》って知るのではない。その天産植物を利用するにその植物に関心を持ち、その知識のある人が多くなればなるほど効果が挙がり結果が良いわけだ。未知の原料は世界に多い。植物に知識あるものはそれを捜し出しやすい。すなわち新原料が出てくるのである。一般の国民が植物に対して多少でも知識があればその新原料は続々と急速度に見付かることであろう。この点から見ても一般の国民にこの方面の知識を普及させておくのは真に国家のために必要である。私は世人にはじめは趣味を感ぜさせることから進んで次にその知識を得させ、そしてこのような国民を駆ってその有用原料を見付けるに血眼にならしめたい。学校で植物学を教えるにも先生はこんな道理をも織り込んで、他日必ずや日本帝国の中堅となるべき今日の寧馨児《ねいけいじ》を教育せられんことを国家のために切望する。右は止むに止まれぬ大和魂の迸りである。

以上植物と人生の一斑を述べたからひとまずここに筆を擱《お》くことにした。

〔補〕右は昭和十一年に述べて公にしたものである。

植物に趣味をもてば次の三徳がある。

第一に人間の本性がよくなる。野に山にわれらの周囲に咲き誇る草花を見れば、何人もあの優しい自然の美に打たれて心和《なご》やかになるであろう。

第二に健康になる。植物に趣味を持って山野に植物をさがし求むれば、戸外の運動をするようになる。したがって健康が増進せられる。

第三に人生に寂寞を感じない。世界中の人間がわれに背くとも、我が周囲にある草花は永遠の恋人として、われに優しく笑みかけるであろう。

私は植物の精である

酒屋に生まる

私は戊《いぬ》の年で今年七十九歳になるのですが、至って壮健で老人メクことが非常に嫌いですので、したがって自分を翁《おう》だとか、叟《そう》だとか、または老だとか称したことは一度もありません。回顧すると私が土佐の国高岡郡の佐川町で生まれ呱々《ここ》の声を揚げたのは文久二年〔一八六二〕の四月二十四日（戸籍には二十二日となっているがそれは誤り）であって、ここに初めて娑婆の空気を吸いはじめたのである。

私の町には士《さむらい》が大分いたが、それはみな佐川の統治者深尾家の臣下であった。私の家は町人で商売は雑貨（土地では雑貨店を小間物屋と言った）と酒造とであったが、後には酒造業のみを営んでいた。

私が生まれて四歳の時に父が亡くなり、六歳の時に母が亡くなった。私は幼かったから父母の顔を覚えていない。そして私には兄弟もなく姉妹もなく、ただ私一人のみ生まれた。つまり孤児であったわけです。

最近の牧野富太郎

生まれた時は大変に体が弱かったらしい。そして乳母が雇われていた。けれども酒屋の後継ぎ息子であったため、私の祖母が大変に大事にして私を育てた。祖父は両親より少しく後で私の七歳の時に亡くなった。

私の店の屋号は岸屋で、町内では旧家の一でした。そして脇差をさすことを免《ゆる》されていた。私の幼い時の名は誠太郎であったが、後に富太郎となった。これが今日の名である。

ずっと後、私の二十六歳になった時、明治二十年に祖母が亡くなったので、私は全くの独りになってしまったが、しかし店には番頭がおったので、酒屋の業務には差支えはなく、また従妹が一人いたので、これも家事を手伝い商売を続けていた。しかし私はあまり店の方の面倒を見ることを好まなかった。

上組の御方御免

私の七歳くらいの時であったと思うが、私の町から四里ほど北の方の野老山《ところやま》という村で一揆が起こった。それは異人（西洋人）が人間の油を取ると迷信して土民が騒いだのでこれを鎮撫するために県庁から役人が出張し、ついにその主魁者三人程を逮捕し、隣村の越《お》知《ち》の今成《いまなり》河原で斬首に処したのであった。この日は何でも非常に寒くて雪が降っていたが、私は見物に行く人の後に附いて二里あまりもある同処へ見に行ったことを覚えている。

またそれから少し後の年であったが、私の町から四里あまりも東の方にある高岡町に親類があって、そこへ連れられて行ったことがある。この高岡の町から東南の方二里くらいも隔たりて新居《にい》の浜があり、私はそこへ連れて行ってもらって生まれてはじめて海を見た。その浜へ打ち寄せる浪はかなり高く繰り返し繰り返しその浪頭が巻いて崩れ倒れる様を見て、私は浪が生きているもののように感じた。私の町は海から四里も距たっているので、これまで一向に海は知らなかったのです。私の九歳頃の時であったでしょう。私は初めて土居という師匠の寺小屋へ入門して字を習った。しばらくするうちにこの寺小屋が廃せられたので、私はさらに伊藤という先生の寺小屋に転じそこで習字と読書とを教わった。ここは士族の子弟ばかりであって町人は私といま一人いたぎりであった。そして士族の方が上組で町人の方が下組であった。昼食する時の挨拶が面白い。上組の士族の人々は「下組の人許してヨ」と言った。これに対して下組の町人の方では「上組の御方御免」と言った。この時分は明治六、七年の頃であって、明治元年の維新の時を去ることまだわずかであったため、士族と商人とは何となくその区別があったのである。廃刀令が出た後ではあった

今日いうオオナンバンギセル
（明治13年写生）

けれど、士族の人はなお脇差をさしていたものがあった。

小学校も嫌で退学

前に述べたように私の町には士族が多かったので、明治維新前の徳川時代に深尾家で建てた名教館《めいこうかん》という学校があって、儒学を教授していた傍《かたわ》ら算術なども教えていた。そして士族の子弟がみなこの校へ入学していた。その教官には一廉《ひとかど》の学者が多く、中には有名な漢学者もいた。明治の年になって後、この学校が漢学の教授を廃し、これに換うるに主としていわゆる文明開化の諸学科を教えるところとなり、いろいろ日進の学術を教授していた。その学科の中には窮理学（今の物理学）、地理学、天文学、経済学、人身生理学、西洋算術などがあった。私は寺小屋からこの校に移ってこんな学科を習ったのが、それがちょうど十一、十二歳の頃であった。そうするうちに明治七年になって初めて小学校ができたのでそれに入学したが、それが私の十三歳の時であった。この時私はすでに小学校以上の学力を持っていた。それは上の名教館で稽古したからであった。

この時の小学校は上等、下等と分かれ各八級ずつあったから、全部で十六級であったわけだ。何でもこれを四年で卒業する仕組みになっていたようだが、私は下等一級を卒《おわ》った時小学校が嫌になって自分で退校してしまった。

私のまだ在学している時、文部省で発行になった『博物図』が四枚学校へ来たので、私は非常に喜んでこれを学んだ。それは私は植物が好きであるので、この図を見ることが非常に面白かった。そして図中にある種々の植物を覚えた。図はみな着色画で、その第一面が植物学的の事柄で、葉形やら根やら花やらなどのことが出で、その第二面には種々の果実ならびに瓜の類が出ており、その第三面には穀類、豆類、根塊類が出で、その第四面には野菜の類、海藻類、菌類が出ていた。

私は植物の精である

私は生まれながらに草木が好きであった。ゆえに好きになったという動機は別に何にもない。五、六歳時分から町の上の山へ行き、草木を対手に遊ぶのが一番楽しかった。どうも不思議なことには、私の宅では両親はもとより誰一人として草木の好きな人はなかったが、ただ私一人が生まれつき自然にそれが好きであった。それ故に私は幼い時から草木が一番の親友であったのである。後に私が植物の学問に身を入れて少しも飽くことを知らなかったのは、草木がこんなに好きであったからです。そして両親が早く亡くなり、むつかしく言って私に干渉する人がなかったので、私は自由自在の思う通りに植物学を独習しつづけて、つい今日に及んでいるのです。

もしも父が永く存命であったら、必然的に種々な点で干渉を受くるのみならず、きっと父の跡を襲《つ》いで酒屋の店の帳場に坐らされて、そこで老いたに違いなかったろうが、父が早くいなくなったのでその後は何でも自分の思う通りに通ってきたのである。今思うてみると、私ほど他から何の干渉も受けずに我が意思のままにやってきた人はちょっと世間には少なかろうと思う。

上のように天性植物が好きであったから、その間どんな困難なことに出会ってもこれを排して愉快にその方面へ深く這入《はい》り這入りしてきてあえて倦《う》むことを知らず、二六時中ただもう植物が楽しく、これに対していると他のことは何もかも忘れて夢中になるのであった。こんなありさまゆえ、時とすると自分はあるいは草木の精じゃないかと疑うほどです。これから先も私の死ぬるまで疑いもなく私はこの一本道を脇目をふらず歩き通すでしょう。そうしてついには我が愛人である草木と情死し心中を遂《と》げることになるのでしょう。しかしまことに残念に感ずることは、私のような学風と、また私のような天才（自分にそう言うのはオカシイけれど）とは、私の死とともに消滅して復《ふたた》び同じ型の人を得ることは恐らくできないということです。人によると私のような人は百年に一人も出んかもしれんと言ってくれますが、しかし私はそんな人間かどうか自分には一向に分かりませんが、人様からは能《よ》くそんなことを聞かされます。

『本草綱目啓蒙』に学ぶ

小学校におった時も、また同校を止めた後も、前に書いたように元来植物が好きであったため、絶えずそれを楽しみにその名称を覚えることに苦心したが、何分にも郷里にこれを教えてもらう人がなかったのではなはだ困った。それでも実地に研究していろいろとその名を知ることに努めたが、その時分私の町に西村尚貞という医者があって、その宅に小野蘭山《らんざん》の著した『本草綱目啓蒙《ほんぞうこうもくけいもう》』の写本が数冊あったので大いに喜び、借り来《きた》ってそれを写してみたが、写すに時間がとれ、かつそれが端本であったため、ついにその書の版本を買うことを思い立ち、町の文房具屋の主人に依頼してこれを大阪あたりから取寄せてもらった。しばらくしてその書が到着したので鬼の首でも取ったように喜び、日夜その書を繙《ひもと》いてこれを翫読《がんどく》し自得して種々の植物を覚えた。それがために大分植物の知識ができた。

若き日の牧野富太郎

　しかし全く自修であるから、その間にいろいろの苦心もあった。実物を採って本と引き合わせ、本を読んでは実物と照り合わせ、そんなことが積もり積もりして知識が大分殖《ふ》えてきた。隣りに越知《おち》（今は越知町）という村があってそこに有名な横倉山というのがあり、森林の鬱蔥たる山で、したがって珍しい植物が多いので、たびたび登って採集した。これは私には大変に思い出の深い山です。

この時分にある時、名の知れぬ一つの水草を採ってきて水に浮かしておいたら、田舎から来ていた下女がこれを見て、これはビルムシロというものだと教えてくれた。そこでこの時分に買って持っておった『救荒本草《きゅうこうほんぞう》』という書物にそれに似た草が出ていて眼子菜とあったのでこれと引き合わせてそのビルムシロが眼子菜であることを知った。またある時、ある草を採ってきたらそれがムカゴニンジンであるということが分かり、またある草がフタリシズカであるということも分かって嬉しかった。またある時に町の上の山に行き、そこに咲いているある草を見、その夜灯下でかの『本草綱目啓蒙』を読んでいたら東風菜シラヤマギクというのが出ていた。どうもその形状が右の山で見た草と同じようだから、その翌日再び同処からその草を採ってきて引き合わせたらピッタリ合っていたので、はじめてそれがシラヤマギクであったことが分かった。いろいろこんなことを天然の教場で実地に繰り返しているうちに、段々と種々な植物を覚えてきたのであった。

〔補〕上の記にはなお後半があるが、ここにはそれを省略した。そして右は昭和十五年に書いたものである。

漫談・火山を割く

人は能《よ》く（この頃ヨクと言う場合に能く良の字を書いて平気でいるが、ヨクはどんな場合でも良の字で可《よ》いというわけのものではないくらいのことは筆を持つ人は心得ていなければ人に笑われても怒る資格はない）希望に満ちた新年だと言う。ボクだってそうじゃないノ、希望のない人間は動いていても死んでいらア。そんなら君の希望はどんなものかと聴かれたらまずザット次のようなものだと答えるネ。しかしこれはボクの希望の九牛の一毛であることだけは承知してもらいたい。どうも牧野もボツボツ松沢ものに成りかけてきたようだ。

富士山の美容を整える

その希望の一つは何であるかというと富士山の姿をもっと佳《よ》くすることだ。富士山を眺めると誰でも眼に着くが東の横に一つの瘤《こぶ》があるだろう。あれはすなわち宝永山だ。人の顔にコブがあって醜いと同じことで、富士にもコブがあっては見っともよくない。元来あのコブの宝永山は昔はなかったものだが、今から二百三十年前の宝永四年（一七〇七）に

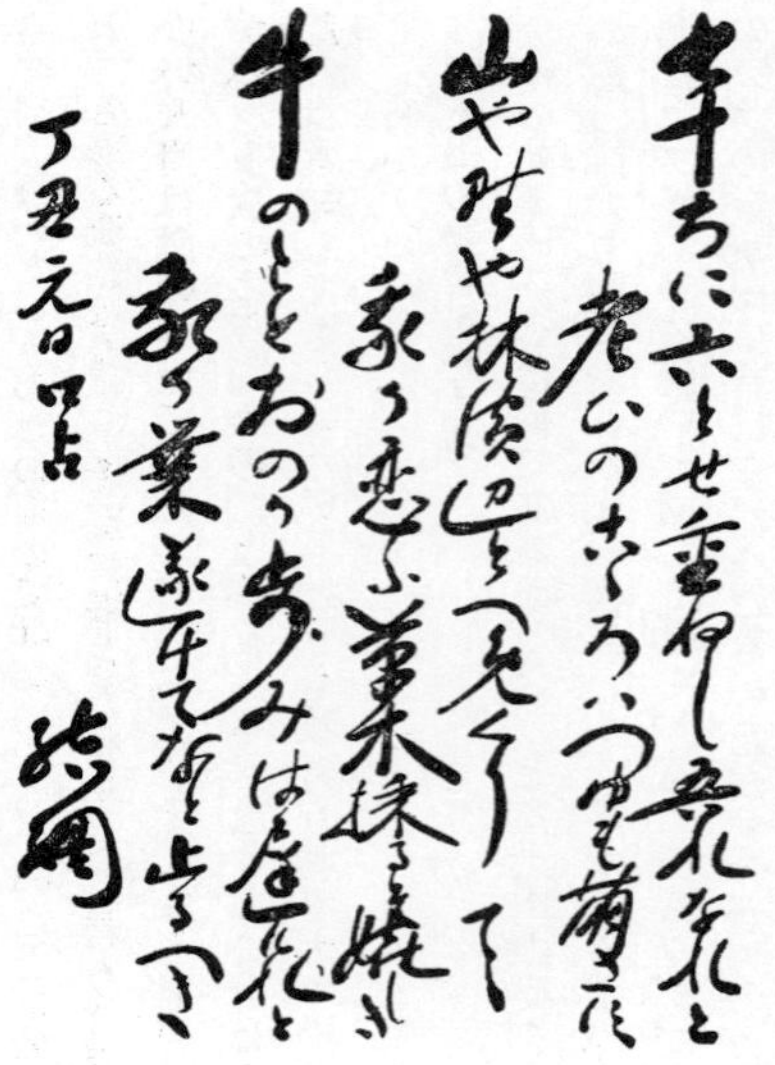

アンナことになっちゃった。考えてみるとそのコブのできる前はもっと富士の姿が佳かったに違いないが、不幸にしてあんなものができたから悪くなった。

そこで私は富士山の容姿をもと通りに佳くするためにアノ宝永山を取り除いてやりたいと思う。それはわけのないことで、もともと富士の側面の石礫岩塊《せきれきがんかい》が爆発のために下の方に噴かれ飛んでそれが積もって宝永山のコブとなり、これと反対にその爆発口は窪んで大穴となっているから、その宝永山を成している石礫岩塊をもと通りにその窪みの穴に掻き入れたらそれでよろしいのだ。そうすると跡方もなくコブもなくなり、同時にその窪みもなくなって富士の姿が端然と佳くなるのである。姿の佳いのは姿の悪いのよりは可《よ》いくらいのことは誰でも知っているでしょう。そうなりゃどんな人でも私のこの企てに異議はなく、みなみな原案賛成とくるでしょう。

近頃は美容術が盛んで方々に美容院ができ、女ばかりでなくずいぶん男の人までもそこへ出入する時世だから、富士の山へも流行の美容術を施してやる思い遣りがあっても然《しか》るべきだ。そして世人をアッと言わせるのも面白いじゃないかね。やるならこのくらいのことをやって見せぬと大向うがヤンヤと囃してハシャガナイ。右はとてもイイ案でしょう。ところがいよいよそれをやるとなると○がいる。もしも私が三井、岩崎の富を持っていたらそれを実現させて見せるけれど、悲しいかな、命なるかな、私はルンペン同様な素寒《すかん》貧《ぴん》であればどうも幾らとつおいつ考えてみても、とても一生のうちにそれを実行することは思いも寄らない。仕方がないからこの良策は後の世の太っ腹な人に譲るとしよう。

山を半分に縦割りする

次に私の希望は一つの山を半分に縦に割ってその半分の岩塊を全く取除いてみたい。つまり山を半分にするのダ。これをやるには大きな山はとても仕方がないからなるべく小さい孤立した山を撰びたい。それには伊豆の小室山が持ってこいだ。これなら実行の可能性が充分ある。その上それが休火山ときているからなおよろしい。

さていよいよそれが半分になったと仮定してみたまえ。その山はもと火山であるから、これを縦に割ればその山の成り立ちや組織などが判然し、火山学、岩石学、地質学などに対しどれほど好《よ》い研究材料を提供するか知れない。かの有名なジャバのクラカトアの火山

が半分ケシ飛んでいるがマーそんなものになるわけだ。クラカトアの方は強烈な天然の爆発力であのようになったが、吾れはそれを人間業で行こうというのダ。まだ今日まで世界広しといえどもこんなことをしたことはどこにもなかろう。それを学術のために日本人がしでかそうというのは褒めた話であると言ってよい。

　マー試みに一度やって見たまえ。それは珍しいと内地人はもとより西洋から来る観光客などはワッワッと言って見物に行くにきまっている。それが評判になってこのことが宇内《うだい》各国に知れわたればますます諸国の学者なども見学にやって来て賑わう。そこへ鉄道の支線を付くれば鉄道省も儲かるし、また観光局の御役人の顔の色もツヤツヤする。かくこの山を半截したお蔭で外来見物人から金が日本に落ち国の富が殖《ふ》えるという寸法、何と好い奇策ではないか。そしてその崩した土塊岩塊石礫はどこかその近傍の海を塡《う》めたてることに使用すれば何百町歩の新地が期せずしてでき、こんな結構なことはまたとあるまい。やってみると面白いがナー。

もう一度大地震に逢いたい

次の希望、これははなはだ物騒な話であるが、私はもう一度彼の大正十二年〔一九二三〕九月一日にあったようなこの前の大地震に出逢ってみたいと祈っている。

この地震の時は私は東京渋谷の我が家にいて、その揺っている間は八畳座敷の中央で（この日は暑かったので猿股一つの裸になって植物の標品を覧《み》ていた）どんな具合に揺れるかしらんとそれを味わいつつ坐っていて、ただその仕舞際にチョット庭に出たら地震がすんだので、どうも呆気ない気がした。その震い方を味わいつつあった時家のギシギシ動く騒がしさに気を取られそれを見ていたので、体に感じた肝腎要の揺れ方がどうも今ははっきり記憶していない。何を言え地が四、五寸もの間左右に急激に揺れたからその揺れ方を確《しか》と覚えていなければならんはずだのにそれをさほど覚えていないのがとても残念でたまらない。

それゆえもう一度アンナ地震に逢ってその揺れ加減を体験してみたいと思っているが、これはことによると我が一生のうちにまた出逢わないとも限らないからそう失望したもんでもあるまい。今頃は相模洋の海底でポツポツその用意に取り掛かっているのであろう。

こいねがう富士山の大爆発

また富士山へもどるが、私はこの富士山がどうか一つ大爆発をやってくれないかと期待している次第だ。

誰もが知ってるように富士山は火山であって、有史以前はときどき爆発したことがあったわけだが、有史後はそれがたまにあったくらいだ。今日では一向に静まり返ってウンともスンとも音がしないが、元来が火山であってみれば、いつ持ち前のカンシャクが突発しないと誰がそれを請け合えよう。しかし少しくらいのドドンでは興が薄いが、それが大爆発ときて多量の熔岩を山一面に流すとなれば、それはそれはとても壮観至極なものであろう。もし夜中に遠近からこれを望めばその山全体に流れる熔岩のため闇に紅の富士山を浮き出させ、たちまち壮絶の奇景を現出するのであろう。

そこが見ものだ。それが見たいのだ。山下の民に被害のない程度で上のような大爆発をやってくれぬものかと私は窃《ひそか》にそれを希望し、さくや姫にも祈願し、一生のうちに一度でもよいからそれが見えれば私の往生は疑いもなく安楽至極で冥土の旅路も何の障りもないであろう。

日比谷公園全体を温室にしたい

東京の日比谷公園全体を一大温室にして中に熱帯地方のパーム類、タコノキ類、羊歯《しだ》類、蘭類、サボテン類などをはじめとして種々な草木を栽え込んで内部を熱帯地に擬《なぞら》え、中でバナナも稔《みの》ればパインアップルも稔り、マンゴー、パパヤ、茘枝《れいし》、竜眼《りゅうがん》など無論のこと、コーヒー、丁子《ちょうじ》、胡椒《こしょう》、カカオなどの植物も盛んに繁茂して花が咲き、実が実り、その他花の美麗な、また葉の美観な観賞草木を室内に充満するほど栽えわたし、その植物間を自由に往来ができるように路を通し、また大なる池を造り彼の有名な大王蓮すなわちヴィクトリア、洋睡蓮、パピルスなどを養いて景致を添える。

処々にコーヒー店、休憩所、遊戯場などを設備し、また宴会場、集会所、演奏場などその他万般の設備を遺憾なく整え、中へ這入《はい》れば我が身はまるで熱帯地にいる気分を持つようにする。また動物は美麗な鳥、金魚のような魚、珍奇な爬虫類などを入れてもよいと思うが、動物は汚い臭い糞をひり出すのでその辺の注意が肝要である。

何を言え我が帝都の真ん中へ類のない一つの別世界を拵《こしら》えることであれば、これは確かに東洋、特に我が日本の誇りの一つにもなろう。私は東京市が思い切ってこのような大々的規模のものを作らんことを希望するが、ちっぽけな予算でさえ頭を悩ましている現代ではとても右のような計画は思いも寄らないことで、マー当分は問題にならん、ならん。

（昭和十二年一月八日記）

武蔵野の植物について述べる

私はただいま御紹介を受けました牧野であります。ここに書いてあります通り、今夜みなさんに武蔵野の植物のことをお話してくれということでありますし、またふだん私は植物のことを研究しているものでありますから、それで御受けしましてここに立ったような次第であります。

しかればそこでどういう風に植物の話をしたらよろしいかということですが、さて風致と植物とは非常に関係の深いものであります。田とか山とか土地の高低というようなものでも無論風致の中に入りますが、しかし風致から木や草を除いてしまって、景色の中に植物がなかったら、実に殺風景なものとなってしまいますので、植物は風致に対しましては非常に大切なものであります。それだから、風致を大事がる人は、やはり植物のことを知っている必要があるのであります。植物にはいろいろの事柄を含んでいるものでありますから、植物を知っておりますと、自然植物を愛することになり、草木を大事にすることになります。

それでやはり伐ってしまおうと思う樹でも、これを伐っては殺風景になるから、そこの風致のために保存しておくというような惜しみが出まして、自然風致を好《よ》くすることの助けになるわけであります。

そういうわけで、植物のことをやはり多少知っておらなければならん。風致を好くするということは、その風致の大切な部分を組み立てているところの植物を知っているということです。すなわちそれが必要なわけで、これは誰が考えてもすぐ分かることです。私は今日武蔵野の住人になっているのであります。また御承知の通り私の専門が植物学でありますから、自然武蔵野の植物についてはひとしお興味を持っております次第です。しかし私の方ではまだこの武蔵野の植物を徹底的に隅から隅まで採集することができていませんし、また自分の目的が特に武蔵野の植物を研究するということでないから、したがって大分歩かないところもありはしますが、しかし武蔵野の植物は大概覚えているのであります。まあそういうわけで、あなた方に対しても武蔵野の植物のお話をすることは多少できるわけであります。

まず武蔵野の植物のお話をする前に、ちょっと武蔵野ということについてお話しておかねばならんと思います。さて武蔵野と言えばずいぶん広くも取れますが、まず武蔵国内の大原野であります。それが普通に言う武蔵野です。もっと具体的に言えば、南は多摩川が流れておりましょう。

あの多摩川の方から北の方は川越附近、あの辺までの間、それから西は秩父の山寄りの辺から、ずっと東は東京湾に面する辺までを、御承知の通り、普通武蔵野と言っているのであります。

それで御承知の通り、武蔵野は今はたくさんの村や町が連なりまして、東には帝都の大東京があります。諸方に村や町が連なっておりまして、その間にやはり人間が生きていなければならんものですから、食物が要る。それでその間に耕作地が展開している。どこへ行っても耕作地があるわけです。畑もありましょう、田もありましょう。田も畑も我々の食物を作るところである。田や畑がずっと連なっているその間にいろいろな植物が生えています。やはり人間は食物を調理するには薪木《たきぎ》を作らなければならん。その薪木を採るところの場処として林が大分連なっているのであります。そしてまた松林もあり、かくたくさんな林が連なり連なりしている間にまた人家があるわけですね。それで御承知の通り、あの人家のところにはやはり木が植わっている。シラカシ、ケヤキ、ムクノキなどというようなものが家の周囲にある。ああいうものは後に人が植えたものであります。

そしてアジア大陸からやって来る風が、冬から春の初めにかけて大分強く吹く。あれが土埃を揚げるのである。私の住んでいる大泉あたりではずいぶんあの風に閉口する。で家の中へ土埃を吹き入れる。そういうような風の吹く大原野になっておりますが、それを防ぐために、家の周囲に木を植えているのであります。その木が次第に多くなり、また次第に茂って今のようになっている。その中で一番高く聳《そび》えているのはケヤキであります。今から三千年も五千年も前の大昔の時代には、今のようにそう人はたくさんおらなかった。それであまり人が入り込まない時分は、どんなような状態であったかと想像してみますと、どうも昔のままの面影を昔の通り今も存しているというところはどこにもないようです。それで当時の昔のままを見るということはちょっとできにくいが、それは大変大きな森林であったと思われる。つまりこの広い間が一面の林で蔽われておったのです。

その中には鹿もおったろうし、狸もおったでしょう。それからまた猪も出て来たでしょう。狐もおったというようなわけで、獣類の棲家になっておった。その林がずっと広い間続いておった。そしてその間に草原があった。どういうわけで草原になっておったかというと、例えば今の多摩川なら多摩川の縁とか、あるいは三宝寺の池の縁の湿地とかいうような場処が草の生えているところであった。また夏になると森林の中に雷が落ちます。雷が落ちると森林の中で火事が起こることがある。また風のために樹と樹とが摩れ合って火事になると、それらを消す人がないから、どんどん焼け拡がったのです。それでそこの木がみな枯れてしまう。そして空地へその翌年から、自然に方々から種が来て草が生える。そういうところが草原になっておった。それからまた人がだんだん入り込んできた時代に、森林のたくさんあった時代には、そこに住んでおった人の不注意で山火事を起こしたこともあったでしょう。それが次第に燃え拡がって、木が焼け尽くし空き地ができてそこへ草が生える。それから今日の海岸は大昔はもっと奥へ入っておったでしょうが、しかしこの石神井《しゃくじい》辺まで来ておらなかったでしょう。東京湾へは岬のように突き出ておったところが諸処にあって、かの九段の上の高台などは、たぶん岬のように突き出ておったでしょう。そんな方面に貝塚というものがあるが、昔に人が住んでおった時分に、海の貝を大分喰べた。その貝を棄てて放ったらかしておいた。それが残ったのが今日土の中から出てくる。これらの貝塚が大分奥へ入った方にあるから、その辺までは海が入り来ておったに相違ない。

　それから土地が隆起するということがありますが、そう急に一年に一尺も二尺も上らないから分かりませんけれども、あの横浜に神奈川というところがありましょう。高台がありますね。あそこにいろいろの地層があるのですが、あの地層の中に海岸の地層を含んだところがあるのです。大地震に遭《あ》ったりすると、急に土地が隆起することもあります。けれど、またそれが知らず識らずの間に自然に上るようになっているところもあります。この前の東京の大震災の時も、江の島や房州あたりも、一尺も上った。こんな海岸に寄ったところは潮が来る場処です。また潮風が吹くところですから、こういうところには木が生えない。もしあるとすればまあ黒松などが生えるくらいだ。そういう草の原と木の原とを比べてみると、木の原の方が余計あった。草原はその木の林の間にちょこちょこ点在しているような程度であったろうと思います。それが後にだんだん人間が入り込み入り込みしてくる間に、人も殖《ふ》え、村もできて、森林を伐り伐りして耕作地を作った。人が住んでいると、前にも述べたように食物が要るから、畑を作って、林を伐り開いてきたのです。それでついに昔の原始的森林の面影はなくなり、後には人間が作った人工的な林になってしまった。例えば薪木を採るためにクヌギあるいはコナラなどを植えるというようなことになってしまった。松を植えて松林を作るというようなことは普通にないでしょうが、松は自然に種子が落ちるとそれが生えて林ができるものですから、松の方は自然林が余計あると思います。昔の人が、

行く末は空も一つの武蔵野に
　草の原より出づる月かげ

という歌をよんでいる。これは昔武蔵野は天にとどくくらい見渡す限り一面に草原になっていて、そして月が草原から出て草原に入るという意味をよんだのでしょう。その次に、

武蔵野は月の入るべき峰もなし
　尾花が末にかかる白雲

ススキの尾花がずっと続いて月が入る山もない。月はたいてい山に入るものであるが、ススキの尾花の先へ月が入って行く。それでこういう歌を見ると、武蔵野は一面がずっとススキ原であったと感ずる。もう一つは、

武蔵野は木蔭も見えずほととぎす
　幾夜を草の原に鳴くらむ

武蔵野にはちっとも木がない、ほととぎすは始終草の生えている空を鳴き渡っているという意味であります。このように武蔵野は一面の草原だと承知しておったのでこういう歌もよまれたわけです。今この歌で見ますと武蔵野には林などはなくて、茫々たる草原であったということになります。けれども、武蔵野がただ茫々たる一面の草原であったという時期は恐らくなかったろうと思う。どうせ歌よみの連中ですから、自分が実際に旅行してきてよんだ人もあるでしょうけれども、また中には武蔵野というところは広大無辺に草原が続いたところだということを人伝に聞いてよんだものもあるでしょう。しかし東は東京湾から西は秩父の方まで茫々たる単なる草原だという時期はなかった。旅人などが武蔵野を通る時は、そんな奥を通らないで、もっと海に寄った開けた方に道があったに相違ない。旅人などが歩いていると、その両側に自分の体よりも高い草が生え繁っているから、武蔵

野はずっと草ばかりだというように信じて、それでこんな歌も生まれたのであろうと思う。ところがこういう歌があるから、武蔵野はどこまでも草原だったということを断定しては大変な間違いとなる。

それはどういうわけかと言いますと、この武蔵野は最も遠い古い時代からあったのであるが、この広い面積を昔の火山灰で埋めつくされたところである。それだから地面には石がなく、ああいう糠みたいな土になっているのですが、これは何万年も前の古い時代に富士山などの大爆発が断えずあって、ここへずいぶんとその灰が飛んできたでしょう。ある時には木も草も何もない、灰が盛んに吹き飛んできて積もり、木も草もない荒漠たる原野を現出したこともあったろうと想像せられる。そういう場合には、まあ初めは草が生えて草原が現出しますけれども、西の方に接して秩父の山々があってそこにはたくさん木があるから、その種子が断えず風に吹かれてこの武蔵野に飛んできた。例えばここにあるケヤキの木を見ますと案外にたくさんな小さい実がなります。そこへ秋風が吹きますと、その実が小さい枝とともに木から離れてばらばらになって地面へ散落する。そしてこの枝に着いている小さい実がその枝とともに、強烈な風に吹かれる時は、一里も二里も飛んでいきます。そしてそれがついに地面に落ちるでしょう。

そうすると、その辺へ新しくケヤキの木の苗が生える。それが二十年、三十年……百年と経つと大きなケヤキの木となる。そうすると、一里も先に方々へ飛んできているケヤキがまた年々歳々実を結んで、絶えずその実をまき散らします。そしてだんだん面積が広くなり、なお進んではまた先へ先へと行く。それが十年や十五年くらいの短い間では分かりませんが、一千年経つとか、一万年経つとかいうような長い年月の間には、ずっと広く拡がっていく。そしてこれらの木が先住者の草を征服していく。それでだんだん拡がり拡がりして、まあ一万年も経つと武蔵野原中を大森林すなわち樹海にすることができると思う。殊《こと》にモミジの実などは実に翼があって風に吹かれて散っていくと広い面積に拡がるのですから、こんな例で見ても武蔵野原中を大森林が埋めたということはあり得べきことです。

いま仮りに武蔵野から住人がみな退却してしまったとして、それで百年経った後、そこがどんな風になっているかと想像してみると、武蔵野に生長している木がたくさんあるから、その木の実が四方八方へたくさん落ち、あるいは運ばれていって生え、それが茂って一面の樹林になっているであろう、そして決して草原にはなっておらないであろう。その間に木の生え得ないところだけは草原になっているであろうが、木の生え得べきところはみな森林となっているだろうと思う。このようなわけでこの武蔵野は一番はじめの何万年前は草原で、次いですぐ森林となったわけだ。森林になった後でも大体東寄りのところは草原であって東京湾の附近ならびにそれに続いた地は原野が続いていたが、山がかったようなところ、または海から少し離れたところは森林が続いておった。

太古以来永くそういう風な自然景になっておったところへだんだん人間が這入《はい》りこんで

きて、前古の森林を漸次に伐り開いて、ついに今日のあのような武蔵野を出現させたものだ。実に武蔵野は永い年月の間に前言ったような変遷をしてきているのである。

ずっと大昔時代に武蔵野には、どういう植物があったかということを書いた書物は何もありませんから、昔は何があったか分かりませんが、まあ今日残っている植物を見ればほんのざっとしたことだけは想像がつきます。永い間には土地の状態が変わるものですから、前にあったものがそののちなくなっていることもずいぶんあるだろうと思います。また他処から風や鳥などが種子を運んできて、昔は全然なかったものが、今はあるものとなっているのがたくさんあろうと思います。

他から植物の入り来る証拠を草について検討してみますと、今日外国からの野草がずいぶん日本へ入ってきております。したがってこの武蔵野原中にもずいぶん外国の植物が入り込んでいて、もとからあったような顔をして生えている。そういうこともあるから、手近い日本の植物が他の地方から武蔵野に入り込んだものも永い間にはきっとたくさんあるに違いない。けれども、さて何々がその植物であったか、それはちょっと判らんのです。

それから先刻もお話しましたが、風致に関心を持つ人々は植物を覚えているということがもっとも必要です。それはどんな方面から言いましても、いろいろの植物を覚えておくと大変利益があるのです。けれども、その利益を一々ここで述べている暇もありませんが、人間というものはいろいろの楽しみがなければならんので、その楽しむという方面からいっても、いろいろの植物を覚えると大変に利益がある。草や木を覚えますと、非常にそれに愛を持ちまして、草木を楽しむことができるようになる。そして草木を楽しむということほど、良い楽しみはない。そしてまた、これほど金のかからん楽しみもないでしょう。他にもいろいろの楽しみはありますが、どうも金のかかる楽しみが多い。ところが草木を楽しむということは、何ら金をかけないで楽しむことができるから、こんな結構なことはない。やはり楽しみの心が出てくるようにしむけていけば楽しくなる。そうして植物を愛することになる。人間は二六時中稼いで苦しいめに遭《あ》いつつあるから、その間に不断の楽しみが必要になってきます。

それで私はみなさんになるべく草木を楽しむことにしていただきたいと思うので、それだから、なるべく草木について楽しみの心が起きるようにいろいろのことをお話したいと思うのです。

さて一つの草でも一つの木でも、ただちょっと見たら実につまらないように見えるけれども、いろいろ注意して味わってみますと、なかなか面白いものです。それからその楽しいかたわらに、こんな重大なことも持っている。我々は食物も摂らなければならんし、また着物も着なければならん。それからまた住宅に住んでおらなければならん。我々は衣食住の必要を痛感しているのである。その衣食住の原料は大部分植物から取っているでしょう。我々が食っているものは多く植物じゃないですか。米でも粟でも黍《きび》でも、また豆でも蕪菁《かぶら》でも大根でも人参でも芋でもみな植物です。

それから建物は木を使い、着物には綿のようなものを用います。綿は草綿という植物から取るでしょう。その草の種子に毛がたくさんついている。その毛を採って紡いで、そして着物を作る。これで見ても草や木が人間社会には必要なものであることが分かる。もしこれがなかったなら、我々は一日も生活はできない。肉ばかり食べておっては生きていられない。やはり米や麦も食べなければならんし、また豆も食べなければならん。また果物も食べなければならん。そういうわけで、草木は非常に大切なものである。それだからいろいろの植物を知っていると、大変利益のあるものであって生活の改善もできるのです。それが不断に楽しいということになればこんな結構なことはない。私どもは植物を研究しているからいろいろなことを知っている。知っているから楽しみが深い。「朝夕に草木を吾れの友とせば、こゝろ淋しき折ふしもなし」とは私のかつて謡った歌である。

私どもは他の人がするように芝居を見て楽しんだり、お酒を飲んで楽しむというようなことをしないでも、ただ植物だけを見ておって、その人たちと同じような楽しみをしている。このように植物を見てやはりそれが面白い楽しいというように感ずれば、まことに結構な話である。そこらへんにある草や木を見てそれがまことに楽しいと感ずるなれば、金は少しも要らないでしょう。こんな結構なことはない。さてその植物が一番楽しくなるようにするには、どんなにしたらよろしかろうかということを考えなければならん。それはすなわち草木のいろいろの事柄を多少でも覚えることです。それからまず第一番にはその草木の名前を覚えないと興味が出ない。綺麗な花が咲いておってもその名前が分からんでは一向興味が湧かない。今頃花が咲いているのはゲンゲバナであるとか、あるいはジンチョウゲであるとかいうように、まずその名前を覚える。それからいろいろの事柄を順々に覚えると、大変面白くなる。今のジンチョウゲだって、どんな字を書いてあるかというと「沈」という字に、それから甲、乙、丙、丁の「丁」の字に、「花」という字が書いてある。その花の香が佳《よ》いので、それが沈香、丁子に似ているというところから、「沈丁花」というのであると、それだけを知っても大変面白い名前であるということで興味が出てきましょう。そういう風にそのいわれを聞いても興味が出てくる。またその沈丁花の皮は非常に繊維の強いものである。あれから紙を造るということも考えられるが、それに縁のある植物でそれよりももっと実用的なミツマタというものがあって紙が造られる。御存じの通り今頃ミツマタは花が咲いている。上の沈丁花というものはもと支那から渡ってきた花木である。あれは支那では瑞香といって、瑞はめでたいという字。それへにおいの香が書いてあります。それから瑞香に似た木で、コショウノキという木がある。それはどういうわけでコショウノキというかと申しますと、これには白い花が咲く。それから花がすむと、綺麗な赤い実がなる。御承知の通りこのごろペッパーといいまして西洋料理などに胡椒を使いますが、あれはみな印度とかジャバとかいうような熱帯地方から来る。ああいう熱帯国にはみな胡椒がある。その胡椒の実は味がはなはだ辛いから辛味料とするのです。コショウノキのあの綺麗な赤い実を食ってみると、とても辛いものです。この辛いところが胡椒に似ているから、それでこの木の名をコショウノキというようになったのです。しかしこの木には毒があるから、その実は食用にはなりません。

まあそういったようなわけで、いろいろのことを聯想してみると、なるほどこれは非常に面白いものだというようにだんだん興味が出てくるものです。そのコショウノキの繊維からも紙を製し得るのですが、その木が少ないから問題にはなりません。ガンピは同じ縁つづきの木ですが、これからは、かの雁皮紙が造られます。

それからナツボウズという植物がある。それはどんな植物かというと、やはり沈丁花の一種で山にある。これは伊豆の熱海辺の山とか、相州鎌倉あたりの山に今頃花が咲いている。花が咲いている時には葉がある。そうして花が済みますと、今度は赤い実がなります。その時はちょうど夏です。そうして夏には葉が散ってしまって、枯れたような枝に赤い実ばかりたくさん残る。夏は葉がないようになるから夏坊主といわれる。

それから、この夏坊主をオニシバリともいいます。鬼を縛るというのだから偉いものです。鬼が動けないようにするというのだから、その皮の繊維が強靭なのです。この植物もやはりミツマタなどと兄弟同士のものであるから、同じく紙を製《こしら》えることができる。夏坊主といい、鬼縛りといい、面白い名ではありませんか。このような面白い事柄を聴いているうちにだんだん趣味が出てきて、それでは庭先に一つ栽えてみようということになってくるのであろう。

また私らのように専門的にいろいろ研究してみますと、断えずいろいろな面白いことにぶつかる。天然というものは実に能《よ》くできたものであるというようなことがだんだん判ってくるから、そうすると何となく面白くなって、ひとしお植物を愛することになる。植物を愛すればそれを庭へ植えて、大事がるというようなことにもなって、大いに植物に対して親しみが生ずる。そうなると、風致区中にある植物をもなるべく枯らしたり、切ったりしないようになる。そして大いに風致を愛してこれを大事にするというような気持になる。また植物が面白くなると、自然外へ出ることが多くなる。すると弱い子供などもだんだん丈夫になります。健康を進める上にも非常に役立つ。またその他いろいろの点に利益があるわけです。ごく普通に路ぶちにあるハコベだとかタンポポだとか、ペンペン草だとかいう草でもみないろいろな事柄を持っているから、それを覚えればこんなつまらんような雑草でも大変面白く感ずるということになるのですが、その事柄が判らないと一向面白くない。芝居を見てもその事柄が判らないでは何も面白味がない。「忠臣蔵」で勘平が腹を切るところの場面を見ても、何のためにそんなことをするのか判らないとつまらないが、その事柄が判ってきて見て御覧なさい。非常に面白味が出てきます。どんなことでもただ何も知らずに見ていれば一向面白くない。それと同じように電車に乗っても中に知っている人がおって御覧なさい。「やあ、暫くだ」……「暫くだった」というように何となく面白くなる。

それからまた植物にはお薬になるものがある。そのお薬になる植物を煎じて飲む。例えばゲンノショウコという草がある。下痢をする時に飲むと実際能《よ》く利く。ところがゲンノショウコでも、ところによるとすぐそこにあるものではない。それであいう植物を知っておって、庭先にそれを植えておくというと不断に使える。「どうも少々下痢しますから」と言ってお医者さんにかかると、四、五円くらいはすぐ消えてしまう。ところが庭先にちょっとそれを植えておけば非常に便利だ。そういう薬用植物を知っておっていろいろと自分の庭先へ植えておくと非常に利益になる。その他武蔵野原中に薬になる植物はずいぶんたくさんある。例えばオケラという植物がある。このオケラは蒼朮《そうじゅつ》ともいいます。それから桔梗という植物がある。これもやはり今日使う薬用植物である。ヨモギのようなものでも、煎じて飲むと非常に能く効くらしい。このようにずいぶん薬用植物があります。それをここでもっと精《くわ》しく一々挙げてお話する時間がありませんが、しかしまず主なるものをちょっと申し上げますとカワラヨモギ（茵蔯蒿《いんちんこう》で多摩川のあたりにたくさんある）、それからフキの薹、タンポポ（蒲公英）、ツリガネニンジン（沙参《しゃじん》）、カラスウリ、リンドウ（竜胆、根が健胃剤になる）、アカネ（茜草）、オオバコ（車前）、ハシリドコロ、ウツボグサ（夏枯《かこ》草《そう》）というようなものは、薬屋から買ってこないでも、野にたくさんある。カキドオシ、ヤクモソウ（益母草）、ハッカ（薄荷）、ネナシカズラ、ミツカシワ（睡菜、三宝寺の池のあたりにあって葉が三つ出ている）、センブリ、ミシマサイコ（柴胡）、オトギリソウ、クズ（葛）、カワラケツメイ（はま茶といってお茶にするもの。こんなものをお茶屋から買ってくる必要はちっともない。これは大泉学園あたりにたくさんある。それを採ってきて乾しておいて刻んで焙じお茶にすると、うまいお茶ができる）、キンミズヒキ、ノイバラ（実を営実という）、アカザ（藜）、ギシギシ（羊蹄）、ドクダミ（蕺）、シュンラン（あかぎれの薬）、ヤマノイモ、カタクリ、ナルコユリ（黄精）なども、武蔵野に生じている。まだその他たくさんあります。このようないろいろな植物を注意して知っていると、自分の家でお薬を製えて飲むことができる。ちょっとした病気は往々それでことがすむことがありますから至極便利です。それからまた武蔵野原中においでになる御方はこういうことをやってみると非常によろしいと思います。それは武蔵野の名物を一つ作って、金になる工夫をしてはどうかと思うことです。それを私は前からいろいろな人に勧めておりますが、これはもう他の地方では名物になって菊牛蒡《きくごぼう》などという名前で売っております。日本に何十種とあるそのアザミの中に牛蒡アザミというものがある。これはその根が牛蒡のように喰べられるから、そういうのです。これを用うるにはその根を畑に作るのです。このアザミは武蔵野原中には諸処に生じておって武蔵野原中に珍しいというものではない。国立あたりに行きますと、たくさんある。それを畑に作ると、牛蒡のような根ができます。そして秋になると茎が立って花が咲く。その茎の立たない前にそれを畑から採ってきて、はじめ塩漬しておいて次にそれを味噌漬にすればでき上がる。それを売品にして出すと、これは非常によろしいものです。お酒を飲む人などは大変これを歓迎するだろうと思う。がりがりと音がして非常に歯ぎれがよく、また牛蒡に優る香がして佳《よ》いものです。それだからそれを武蔵野で作って、どこかの漬物屋で漬物にして、それを東京のデパートのようなところへ出すとか、また広告して日本国中どこへでも売り捌くとかすればよい。武蔵野から出るから、名は武蔵野牛蒡とでもいうようなものにして、ここの名物にして出したら非常に面白いと思う。これはきっとあたりやせんかと信ずる。割合に美味《うま》いものですから。もうすでに名物となって売っているのは、岐阜県の岩村町に富安という大きな漬物屋であって、そこではちゃんと拵《こしら》えてあって注文すると箱に入れて送ってくれるのです。かなり高い価で売っております。それをこの武蔵野でもやったらよろしいと思います。このアザミは武蔵野原中にあるのだから、やってみようと思えば容易《たやす》くできる。

それからもう一つ、そういう食物のことを御勧めしたいのは、三宝寺の池のところに行くと、青い葉を持ちワサビのような香《にお》いのする辛みのある草がある。それを料理屋へ出して刺身のつまに用いたなら、きっとあたると思います。三宝寺の池のあたりの料理屋でそれを用いたらよろしいと思う、これはここの名産ですというように……。ふだん見馴れぬ物が出ていると、お客は「これは何だろう」と言って、女中なんかに聞くだろう。「これは三宝寺池の名物です」というようにうまくやればそれが確かにそこの名物になる。そういう利用のできるものを捨てておくのは、非常に惜しいことです。これは三宝寺池だけでなく、清水の出るところ、または流れているところにはどこにもある。水が綺麗なところでは能《よ》く繁殖する。それを一つやってみたらよいと思う。「乞ウ隗《かい》ヨリ始メヨ」という概《おもむき》をもって、まず三宝寺の池のほとりの料理屋で実行してみたらどうだろう。

もう一つ私がやってみたいと思うのは、秩父方面の山の中にユリワサビというのがある。ワサビは御承知の通り辛いものである。そのユリワサビは黒紫色である。それを噛むとワサビと同じような香がして味が辛い。それを刺身の時に使うと、雅趣があってワサビに優っている。適当なところにそれをたくさん作って、やはり料理屋へ出す。そうすると、それがまた一つの名物になる。上に述べた三つはぜひこれを実行してみたいと希望するのです。

それから武蔵野に対して必ず出る植物は、ムラサキ（紫草）という草である。昔はこのムラサキが武蔵野原中にあったのであろう。しかし今日は原中に滅多に見られない。あることはありますが、極めて稀《ま》れである。

ムラサキという植物は根を掘ってみますと、紫色をしております。今日は紫の染料がありますが、ずっと前の徳川時代、明治以前にはそういう染料はなかったから、このムラサキの草の根を掘って紫を染めた。今日ムラサキの根から採った染料で染めた染物はあることはあるが、非常に乏しい。そして価がまた非常に高い。三越や松屋あたりにこの紫染めの衣服が出ておったら、なかなか高価である。けれどもその色はまことにゆかしい。やはり羽織にするとか、着物にするとかしてもまことに佳《よ》いことは佳いですが、滅多にそれを着ている人はないのです。それはいまその染地が少ないのとその価が高いからです。ここに私の持ってきている切れ地は色はあまり冴えませんが、ムラサキで染めた紫染めです。紫染めはみんなこんな絞り染めになっています（実物を示す）。

これはどこで染めたものかというと、秋田県の花輪という町で染めたのです。その時私が染めさしたものを、娘の羽織にしてやりましたが、そういうように染めるところはあるが、注文でもしませんと、たくさん染めてふだん売っているというほどにはなっていない。紫染めは昔は江戸紫といった。江戸で染めた紫である。またムラサキの根を紫根といいます。それで一に紫根染めとも称《とな》えます。江戸は今の東京ですから、つまり東京で染めたのを昔は売っておったわけである。それらは武蔵野にあった原料でやったものか、あるいは原料を他処《よそ》から取り寄せてやったものか、また原料といっても、野に生えているものを用いたか、作ってあったものを用いたかその辺があまり判然しませんが、とにかくムラサキは昔は能《よ》く畑に作られたもので、そしてその根を用いた。このムラサキの草が武蔵野では昔から一つの名物になっている。それでこういう有名な歌があります。

紫の一もとゆゑに武蔵野の
草はみながらあはれとぞ見る

これは昔武蔵野にムラサキというゆかしい草があったために、他のいろいろの草までもみなゆかしく感ずるというわけですね。それでムラサキが、武蔵野の草の一番王様になっている。武蔵野というと、必ずムラサキを引合いに出してくる。それが常識になっている。それでムラサキというと、いつでも、武蔵野を想い出すというようになっている。このムラサキは秩父の方面へ行くと山地の草の間に野生しているが、こんなところから採ってきまして庭へ植えておくと、毎年茎が立って能く花が咲く。ところがムラサキは非常に綺麗な可愛らしい花が咲くかと期待していると、その期待は間もなく裏切られる。やがて小さくて白い花が梢の枝に順々に咲いていく。大した見映えはない。根を掘ってみると、牛蒡根みたいになっている。その根が紫色を呈している。

こんなものが染める染料になる。それからこのムラサキは一方では薬用植物の一つである。すなわちムラサキは一面染料になり、一面薬用になる草なんです。何に効くか私は知りませんが、その根をお薬にします。花がすむと実ができますから、その実を採って蒔きますと、いくらでも生えますからたくさんに庭に殖《ふ》やすことができます。

それから武蔵野植物の第二代表は何であるかというと、まずススキですね。ススキは武蔵野になくちゃならん植物である。

このススキは国によってカヤともいいます。武蔵野ではこれが一面に生えている。秋になってススキへ花の穂が出ますと、それを昔から尾花といっています。獣の尾のようだから尾花というのです。あれを見て臆病者が幽霊と間違えたので「幽霊の正体見たり枯尾花」の句がある。その尾花が風に揺れると、かなり風情があります。ススキの花穂は枝がたくさんに分かれておって、その枝の上にたくさんの花が着いている。その花の下には毛がある。その花が咲くと後になって小さい実がなる。ちょっと実があるようには見えないから普通の人には分からないが実《じつ》のところ小さい実ができるのである。秋の末になって風が吹くとそれが穂を離れて飛び散り地に落ちるので、そこから新しく苗が生えてくる。こんなわけであるからススキはなかなか殖えることが早い。それで四方八方の土地がだんだんススキ原になっていきます。

そうしてこれが武蔵野に非常に景色を添えております。この原野からススキを取って除けると、そこの秋の景色はとても淋しくなります。これは武蔵野としてはなくてはならないものである。しかし耕作地に這入《はい》りこまれると困るが、その他のところにはあってもいいわけですね。

それからススキの根元に面白い植物が生える。これはみなさんは御承知かもしれませんが、まるで煙管《キセル》の雁首のようにススキの根もとに数寸の高さで横へ向いて、紫色の花がたくさん咲いている。葉も何もない。下からずっと幾つも分かれて出ているのである。そして横向きになって花が咲く。ちょっと見るとススキから花が咲いているようである。これは何という草かというとオモイグサ（思草）といいます。植物学の方ではナンバンギセル（南蛮煙管）ともいう。私の宅の庭先にあるススキのところにいくらも生ずる。これはなお諸方にも生える。三宝寺の池の附近にも見られる。花が横を向いているから人が頭を傾けて思いに沈んでいるようなさまがあるので、それで思草というのであろうが、これは面白い名である。

『万葉集』の歌に「道の辺の尾花がもとの思草今さらになぞ物か念はん」とあるのはそういう意味でこの草を詠じたものであろうと思います。

このオモイグサはススキの根もとに種が落ちると、来年はそれが芽を出して生えてくる。そしてオモイグサは養分をススキから摂って生長する。盆栽を楽しむ人はまずススキを鉢に植えて、そのススキの根下にオモイグサの種を蒔いておく。そうするとオモイグサの盆栽ができる。このナンバンギセルの盆栽はちょっと面白い。

それからススキに非常に能く似ているものにオギ（荻）というものがある。このオギはどんな場処に生えているかというと水辺のところに生える。ススキは乾いたところに生えるが、オギは水際に生える。またススキは一株にかたまって生えるが、オギは地中の茎がずっと横に這っていくものである。しかしオギはススキとは兄弟同士である。風が吹いた時にオギの葉が触れ合うて音のするのを、窓越しに聴くと非常に風情がある。それだから「荻の葉そよぐ」などと言って歌に詠まれている。この風情に富んだオギがやはり武蔵野原中の処々にある。

多摩川のあたりにもこのオギがあるし、その他水のある附近にはそこここに生えている。私が電車で能く通る富士見台駅のすぐ隣地にオギのとてもよくできるところがある。それはわずかな地坪であるが、ここは毎年能く栄える。

このように武蔵野の植物はたくさんありますから、それを片端から話していると二日も三日もかかり、こういうところではとてもちょっと語り尽くせません。

終わりにちょっとハギ（萩）についてお話いたします。ハギは秋の七種《ななくさ》の一になっている。この中ではハギは草に伍しておれども元来ハギは灌木であります。このハギの花の咲いているさまは誠に風情のあるものである。ハギを萩と書くのは、この植物は秋に花が咲くからである。ゆえに艸冠《くさかんむり》に秋を書いて萩の字を日本で拵《こしら》えたものだ。支那にも萩の字があって字体は同じけれども意味は全く異っている。日本で作った字はなおたくさんあって椿、榊、峠、働などもそれである。これを一般に和字と称する。右の和字の椿はツバキで支那の椿はチャンチンという木である。

それではもうここで私の話は打切っておきます。何も面白い話ではありませんでしたが、みなさんが静かに聴いてくださいまして有難うございました。
（昭和十二年三月二十七日於石神井風致地区風致地区思想普及講演会講演速記）

〔補〕紫草のムラサキについて『本草綱目啓蒙』には「諸州ニ多ク栽。春分後種ヲ下ス。長ジテ苗高サ二尺許《ばかり》……京師ノ山ニ自生ナシ奥州、羽州、予州、播州、江州、甲州、総州ニハアリ。其《その》根直ニシテ皮深紫色、皮汁ヲ採テ布帛ヲ染。薬舗ニハ薩州、奥州南部、羽州最上ヨリ出ルヲ上トシ、讃州、予州ヨリ出ルヲ次トシ、和州、江州、河州ヲ其次トス。上品ノ者ハ染家ニ送リ下品ノ者ヲ紫根ト名ヅケテ医家ニ売ル。用ユル者宜ク揀《えら》ブベシ」と出ている。

草木

わが生い立ち

私はかつて『帝国大学新聞』にこんなことを書いたことがあります。それはすなわち「私は植物の愛人としてこの世に生まれきたように感じます。あるいは草木の精かもしれんと自分で自分を疑います。ハハハハ。私は飯よりも女よりも好きなものは植物ですが、しかしその好きになった動機というのは実のところそこに何にもありません。つまり生まれながらに好きであったのです。どうも不思議なことには、酒造家であった私の父も母も祖父も祖母も、また私の親族の内にも誰一人特に草木の嗜好者はありませんでした。私は幼い時から何となしに草木が好きであったのです。私の町（土佐佐川町）の寺子屋、そして間もなく私の町の名教館《めいこうかん》という学校、それに次いで私の町の小学校へ通う時分よく町の上の山などへ行って植物に親しんだものです。すなわち植物に対しただ他愛もなく趣味がありました。私は明治七年〔一八七四〕に入学した小学校が嫌になって半途で退学しました後は、学校という学校へは入学せずにいろいろの学問を独学自修しまして、多くの年所を費しましたが、その間一貫して学んだというよりは遊んだのは植物の学でした。しかし私はこれで立身しようの、出世しようの、名を揚げようの、名誉を得ようのというような野心は今日でもその通り何ら抱いていなかった。ただ自然に草木が好きで、これが天稟の性質であったもんですから、一心不乱にそれへそれへと進んで、この学ばかりはどんなことがあっても把握して棄《す》てなかったものです。しかし別に師匠というものがなかったから私は日夕《にっせき》天然の教場で学んだのです。それゆえたえず山野に出でて実地に植物を採集し、かつ観察しましたが、これが今日私の知識の集積なんです」というのでした。

こんなようなわけで草木は私の命でありました。草木があって私が生き、私があって草木も世に知られたものが鮮《すくな》くないのです。草木とは何の宿縁があったものか知りませんが、私はこの草木の好きなことが私の一生を通じてとても幸福であると堅く信じています。そして草木は私にとっては唯一の宗教なんです。

私が自然に草木が好きなために私はどれほど利益を享《う》けているか知れません。私は生来ようこそ草木が好きであってくれたとどんなに喜んでいるか分かりません。それこそ私は幸であったといつも嬉しく思っています。

ハタットウ

私は今年七十八歳になりましたが、心身とも非常に健康で絶えず山野を跋渉《ばっしょう》し、時には雲に聳《そび》ゆる高山へも登りますし、また縹渺《ひょうびょう》たる海島へも渡ります。そして何の疲労も感じません。私は上のように年は行っていますけれど、私の気持ちはまず三十より四十歳くらいのところで決して老人のような感じを自覚しません。もうこんな年になったとて老人ぶることは私は大嫌いで、いつも書生のような気分なんです。学問へ対しましてもいつも学力が足らぬ足らぬという気が先に立ちまして、自分を学者だなんどと大きな顔をしたことは一度もありません。それは私に接する人は誰でもそう感じ、そう思ってくださるでしょう。少しくらい学問したとてそれで得意になったり、尊大に構えたりするのはそれは全くヘソ茶もので、我が得た知識をこの宇宙の広大かつ深淵なことに比ぶれば、顕微鏡で観ても分からぬくらい小さいもんダ、チットモ誇るに足らぬもんダ。オット、チョット脱線しかけたからまた元へ還って、私の健康は上に書いたようだが、人間は何をするにも健康が第一であることは誰も異存はないでしょう。どんな仕事をするにしても健康でなければダメで、ときどき病褥に臥したり薬餌に親しんだりするようでは、いかに大志を抱いていても決してこれを実行に移すことはできません。

さて私の健康は何より得たかといいますと、私は前にもいったように、幼い時から生来草木が好きであったため、早くから山にも行き野にも行き、その後長い年月を経た今日に至るまでどのくらい歩いたことか分かりません。それで運動が足ったのです。その間絶えず楽しい草木に向かい心神を楽しめ慰めつつ自然に運動が足ったわけです。その結果ついに無上の健康を贏《か》ち得たのです。

私の両親は私のごく幼い時にともに若くて世を去りまして、私は両親の顔も両親の慈愛も知りません。兄弟もなかったので私独りポッチであったのです。祖母が私を育てましたが幼い時は大変に体が弱かったそうです。胸骨が出ているといって心配してくれたことをウロ覚えに覚えています。クサギの虫、また赤蛙《あかひき》を肝の薬だといって食わされ、またときどき痛いお灸をすえられました。私が酒屋の跡襲ぎ息子、それはたった一人生まれた相続者であったため、とても大事にして育ててくれたらしいのです。少し大きくなりまして十歳くらいにもなった時、私の体はとても痩せていましたので友達などはよく牧野は西洋のハタットウだなどとからかっていました。それは私の姿が何となく西洋人めいていて(今日でもそうらしいのです)、かつ痩せて手足が細長いというのでハタットウといったもんです。ハタットウとは私の郷里でのバッタの方言です。こんな弱々しい体が年とともにだんだんと健康になり、ついに今日に及んでいます。

あと三十年

そしてその間大した病気に罹《かか》ったことがないのですが、私の今日の状態ですとこの健康はまず当分は続きそうです。今日私の血圧は低く脈は柔らかくて若い人と同じであるので、医者は串戯《じようだん》半分まずこの分ならばあと三十年は大丈夫ダといっていますが、しかしこれをお世辞と聞いてその半分生きても大したもんです。そうすると私は九十くらいになる。どうかそうありたいもんだと祈っています。

あまり健康自慢をするようでチト鼻につきますが、ついでにもう少々述べますれば私は一つも持病がありません。そしていくら長く仕事を続けましても決して肩が凝るナンテことはありませんから按摩は全く私には無用の長物です。逆上《のぼせ》も知らず頭痛も滅多にしません。また夏でも昼寝をしません。また夜は午前二時頃まで仕事を続けています。運動が足ったせいでしょう、胃腸がとても健全で、腹痛・下痢などこれまたまことに稀《まれ》です。食事の時三ゼン御飯を食べればその二ゼンはお茶漬です。そしてすぐ消化してしまいます。夜は非常によく眠りますので枕を着けるとすぐ熟睡の境に入ります。

私のこの健康を贏ち得ましたのは前にもいったように全く植物の御蔭で、採集に行くために運動が足ったせいです。そして山野へ出れば好きな草木が自分を迎えてくれて心は楽しく、同時に清新な空気を吸い、日光浴もでき、等々みな健康を助けるものばかりです。その上私は宅は酒を造っていましたけれど酒が嫌いで呑まず、また煙草も子供の時から吸いませんのでそれがどのくらい私の堅実な健康を助けているのか知れません。今は耳が少しく遠くなりました外、眼もすこぶる明らかで（アミ版の目が見えます）歯もよろしく、そして決して手も顫《ふる》いませんのは何というしあわせなんでしょう。それゆえまだ私の専門の仕事は若い時と同じようにできますのでまことに心強く、これから死ぬまでウント活動を続けにゃならんと意気込んでおります。先日大学をやめて気も心も軽くなり何の顧慮することもいりませんので、この見渡す限りの山野にある我が愛する草木すなわち我が袖褄《そでつま》を引く愛人の中に立ち彼らを相手に大いに働きます。そしてその結果どんなものが飛び出すのか、どうぞこれから刮目《かつもく》して御待ちくだされんことを願います。

わが恋の主

以前いつだったか、あることがヒドク私の胸に衝動を与えたことがありました時、私は「草の学問さらりと止めて歌で此世を送りたい」と詠んだことがありましたが、ヤッパリ好きな道は断念できませんので間もなくこれまでの平静な心に還り、それは幻のように消えてしまいました。

赤黄紫さま〴〵咲いて
　どれも可愛い恋の主
年をとつても浮気は止まぬ
　恋し草木のある限り
恋の草木を両手に持ちて
　劣り優りのないながめ

草木への愛

終わりに臨んでいま一言してみたいことは私は草木に愛を持つことによって人間愛を養成することが確かにできると信じていることです。もしも私が日蓮のような偉い人であったならば、私は草木を本尊とする一つの宗教を建つることができたと思っています。草木は生き物でそして生長する。その点敢えて動物とは異っていない。草木を愛すれば草木が可愛くなり可愛ければそれを大事がる。大事がればこれを苦しめないばかりではなくこれを切傷したり枯らしたりするはずがない。そこで思い遣りの心が自発的に萌してくる。一点でもそんな心が湧出すればそれはとても貴いもので、これを培えばだんだん発達してついに慈愛に富んだ人となるであろう。このように草木でさえ思い遣るようにすれば、人間同士は必然的になおさら深く思い遣り厚く同情するのであろう。すなわち固苦しくいえば博愛心、慈悲心、相愛心、相助心が現われる理由《わけ》ダ。人間に思い遣りの心があれば天下は泰平で、喧嘩もなければ戦争も起こるまい。ゆえに私はぜひとも草木に愛を持つことをわが国民に奨めたい。しかし何も私のように植物の専門家になれというのではない。ただ草木の愛好家になればよい。ここにまことに幸いなことには草木は自然に人々に愛せらるる十分な資格をそなえ、かの緑葉を見ただけでも美しくその花を見ればなおさら美しい。すなわち誰にでも好かれる資質を全備している。そしてこの自然の美妙な姿に対すれば心は清くなり、高尚になり、優雅になり、詩歌的になりまた一面から見れば生活に利用せられ工業に応用せられる。そしてこれを楽しむに多くは金を要しなく、それが四時を通じて我が周囲に展開しているからいつにても思うまま容易に楽しむことができ、こんな良好な、かつ優秀な対象物がまたと再び世にあろうか。我が日本の秀麗の山河の姿にはそこに草木が大なる役目をつとめているが、これが万古以来永く国民性を陶冶した一要素ともなっている。決して彼の桜花のみが敷島の大和心を養成したのではない。

私は今草木を無駄に枯らすことをようしなくなった。また私は蟻一疋《いっぴき》でもこれをいたずらに殺すことをようしなくなった。そして彼らに同情し思い遣る心を私は上に述べた草木愛から養われた経験を持っているので、それで私はなおさら強くこれを世に呼びかけてみたいのである。

〔補〕右は昭和十四年八月十三日発行の『週刊朝日』に掲載せられたものです。

植物と心中する男

私は植物の愛人としてこの世に生まれきたように感じます。あるいは草木の精かもしれんと自分で自分を疑います。ハハハハ。私は飯よりも女よりも好きなものは植物ですが、しかしその好きになった動機というものは実のところそこに何にもありません、つまり生まれながらに好きであったのです。どうも不思議なことには、酒屋であった私の父も母も祖父も祖母も、また私の親族の内にも誰一人特に草木の嗜好者はありませんでした。私は幼い時からただ何となしに草木が好きであったのです。私の町（土佐佐川町）の寺小屋、そして間もなく私の町の名教館《めいこうかん》という学校、それに次いで私の町の小学校へ通う時分、能《よ》く町の上の山などへ行って植物に親しんだものです。すなわち植物に対しただ他愛もなく、趣味がありました。私は明治七年〔一八七四〕に入学した小学校が嫌になって半途で退学しました後は学校という学校へは入学せずにいろいろの学問を独学自修しまして、多くの年所を費しましたが、その間一貫して学んだというよりは遊んだのは植物の学でした。

しかし私はこれで立身しようの、出世しようの、名を揚げようの、名誉を得ようのというような野心は今日でもその通り何ら抱いていなかった。ただ自然に草木が好きで、これが天稟の性質であったもんですから、一心不乱にそれへそれへと進んで、この学ばかりはどんなことがあっても把握して棄《す》てなかったものです。しかし別に師匠というものがなかったから私は日夕《につせき》天然の教場で学んだのです。それゆえ断えず山野に出でて実地に植物を採集し、かつ観察しましたが、これが今日私の知識の集積なんです。

私が植物の分類の分野に立って断えず植物種類の研究に没頭してそれから離れないのは、こうした経緯《いきさつ》から来たものです。烏兎《うと》匆々《そうそう》歳月人を待たずで私は今年七十二歳ですが、かく植物が好きなもんですから毎年能く諸方へ旅行しまして実地の研究を積んで敢えて別に飽きることを知りません。すなわちこうすることが私の道楽なんです。およそ六十年間くらいも何のわき目もふらずにやっております結果、その永い間に植物につきいろいろな「ファクト」をのみ込んではいますが、決して決して成功したなどという大それた考えはしたことがありません。いつも書生気分でまだ足らない、まだ足らないと、我が知識の未熟で不充分なのを痛切に感じています。それゆえわれらは学者で候のと大きな顔をするのが大きらいで、私のこの気分は私に接するお方は誰でもそうお感じになるでしょう。少しくらい知識を持ったとて、これを宇宙の奥深いに比ぶればとても問題にならぬほどの小ささであるから、それは何ら鼻にかけて誇るには足りないはずのものなんです。ただ死ぬまで戦々兢々として一つでも余計に知識の習得に力《つと》むればそれでよいわけです。

私は右のようなことで一生を終わるでしょう。つまり植物と心中を遂げるわけだ。このように植物が好きですから、私が明治二十六年〔一八九三〕に大学に招かれて民間から入った後ひどく貧乏した時でも、この植物だけは勇猛にその研究を続けてきました。その時分はとても給料が少なく生活費、たくさんの子供（十三人出来）の教育費などで借金ができ、ときどき執達吏《しったつり》に見舞われましたが、私は一向に気にせず、押さえるだけは自由に押さえて行けと、その傍の机上で植物の記事などを書いていました。こんなことの昔は今日の物語となったけれども、今だって私の給料は私の生活費には断然不足していますけれど、老軀を提《さ》げての私の不断のかせぎによってこれを補い、まず前日のようなミジメなことはなく辛うじてその間を抜けてはおります。私は経済上あまり恵まれぬこんな境遇におりましても敢えて天をも怨みません、また人をもとがめません。これはいわゆる天命で、私はこんな因果な生まれであると観念している次第です。

私は来る年も来る年も左の手では貧乏と戦い右の手では学問と戦いました。その際そんなに貧乏していても一っ時もその学問と離れなく、またそう気を腐らかさずに研究を続けておれたのは、植物がとても好きであったからです。気のクシャクシャした時でもこれに対するともう何もかも忘れています。こんなことで私の健康も維持せられ、したがって勇気も出たもんですから、その永い難局が切り抜けてこられたでしょう。その上私は少しノンキな生まれですから一向平気でとても神経衰弱なんかにはならないのです。私は幼い時から今でも酒と煙草とをのみませんので、したがってそんな物で気をまぎらすなんていうことはありませんでした。ある新聞に私を酒好きのように書いてありましたが、それは全く誤りです。

前にも申しました通り私も古稀の齢を過しはしましたが、今のところ昔の伏波《ふくは》将軍のごとく極めて健康で若い時とあまり変わりはありません。いつか「眼もよい歯もよい足腰達者うんと働こ此《この》御代に」と口吟しました。しかし何といったとて百までは生きないでしょう。植物の大先達伊藤圭介先生は九十九で逝かれた例もあれば、運よく行けば先生くらいまでには漕ぎつけ得るかもしれんと、マーそれを楽しみに勉強するサ。今私には二つの大事業が残されていますので、これから先は万難を排してそれに向うて突進し、大いに土佐男子の意気を見せたいと力んでいます。いいふるした語ではあるが精神一到何事不成とはいつになっても生命ある金言だと信じます。やア、くだらん漫談をお目にかけ恐縮しております。左に拙吟一首。

朝な夕なに草木を友に
　すればさびしいひまもない

〔補〕右は昭和八年十一月六日発行の『帝国大学新聞』第五百号の紙上に登載せられたものである。

なぜ花は匂うか？

花は黙っています。それだのに花はなぜあんなに綺麗なのでしょう？　なぜあんなに快く匂っているのでしょう？　思い疲れた夕など、窓辺に薫る一輪の百合の花を、じっと抱きしめてやりたいような思いにかられても、百合の花は黙っています。そしてちっとも変わらぬ清楚な姿でただじっと匂っているのです。

牡丹の花はあんなに大きいのに、桜の花はどうしてあんなに小さいのでしょう？　チューリップの花にはどうして赤や白や黄やいろいろと違った色があるのでしょう？　松や杉にはなぜ色のある花が咲かないのでしょう。

貴女方《あなた》はただ何の気なしに見過ごしていらっしゃるでしょうが、植物たちは、歩くことこそできませんがみな生きているのです。合歓木《ねむのき》は夜になると葉を畳んで眠ります。ひつじくさの花は夜閉じて昼に咲きます。豆の蔓は長い手を延ばして附近のものに捲きつきます。一枚の葉も無駄にくっついてはいないのです。八ツ手の広い大きい葉は葉脈にそって上から下へと順々に、なるべく根の方に雨水を流していきます。チューリップのような巻いた長い葉は幹にそって水が流れ下りるように漏斗《じょうご》の仕事をつとめます。陽が当たると葉は、充分に身体をのばして、一杯に太陽の光を吸いこんで植物の生きていくのに必要な精分である炭酸ガスを空気の中から吸収します。根から水分と窒素とがあつめられます。そうして植物は元気よく生きていくのです。

人間が大人になると結婚をして子孫をのこしていくように、植物も時が来ると繁殖の準備を始めます。長い冬が終わって野や山が春めき立つ頃、一面の大地を埋めつくす美しい花々は、植物の御婚礼の晴衣裳ともいえましょうか。貴女方も知っていらっしゃるように、花の中には雄蕊と雌蕊とがあって、雄蕊にある花粉が、自分の花または他の花の雌蕊に運ばれることによって受精し、種子ができるのです。

美しい花をつけている植物ではこの花粉の運搬を昆虫に頼んでいます。美しく咲きそろった大きな花を見、快い香りを訪ねて、昆虫たちはいそいそと御客様になって飛んできます。花の御殿の奥座敷にはおいしい蜜がたくさん用意してあって、この大切な御客をもてなします。昆虫は他の花からの花粉を御土産に置いて、また帰りには雄蕊からの花粉を身体中に浴びて別の花へと飛んでいきます。

花にもいろいろ種類があるように昆虫にもたくさん種類があります。同じ昆虫でもそれぞれ好き好きがあって花によって来る昆虫の種類が違います。蜂は青い花が好きだし蝶や虻《あぶ》は明るい花に飛んできます。それで花の御殿の方でもお馴染の御客様に都合がいいように、外の飾りや匂いはもちろん、御殿の中の構造もうまく作られています。大きい昆虫の来るチューリップや薔薇の花は大きいし、小さな昆虫の来る桜や梅の花は小さいのです。そして小さな花の咲く植物は花がたくさんかたまって遠くからでも見えるようになっています。

つつじの花を見てごらんなさい、花が横を向いているでしょう。そうなっているのは虫が入りやすいためです。上側の花弁の中央に胡麻をまいたような印のあるのは「この下に蜜あり」という立札で、昆虫はこの札をめがけて飛んできます。その時雄蕊の葯《やく》が昆虫の身体にこすりついて葯の孔の中から糸を引いたように花粉がこぼれ出ます。

このように植物の生活の中で一番複雑で、巧妙で、そして面白いのは、繁殖のための時期であります。菊の花などは、貴女方はあの大きく咲きこぼれた大輪があれで一つの花だとお考えでしょうが、あのそりかえった一片一片がそれぞれ一つずつの花なのです。めいめいに雄蕊雌蕊を持ったたくさんの花が一本の茎の上に共同の生活を営んでいるのです。一匹の昆虫が飛んでくると、たくさんの花が一時に花粉のやり取りをすることができるので、ほとんど無駄なく多くの花が受精し結実するのです。こんな風に種子を作る設計が巧みにできている花を高等植物といい、日本の皇室の御紋章である菊の花や満洲国の国花である蘭（菊科中のフジバカマで、世人が思っているような蘭科植物のランではありません）は花の中での王者といわれるものです。

松や杉にも花は咲くのです。ただ松や杉の花粉は昆虫の助けをかりないで風に流れて他の花へ到達します。それゆえ他の花のように綺麗な色や匂いで花の存在を広告する必要がないのです。それで花は咲いても貴女方の目にはほとんどふれないのです。

次に同じ一つの花に雄蕊と雌蕊とがありながら、なぜ別の花からの花粉を貰わなければならないのでしょうか。花の世界にも道徳があります。雄蕊と雌蕊との間にはちゃんと成熟の時期に遅速があって、人間の世界に於けるがごとく近親結婚がほとんど不可能なようになっています。なでしこなどはそのよい例です。

その他植物の世界は研究すればするほど面白いことだらけです。もしこの世界に植物がなかったら、山も野原も坊主になりどんなにか淋しいでしょうし、その上米、麦、野菜、果物、海藻の食料品、着物の原料、紙の原料、建築材料、医薬原料すべて植物のお蔭でないものは一つもありません。貴女方も花を眺めるだけ、匂いをかぐだけに止《とど》まらず、好晴の日郊外に出ていろいろな植物を採集し、美しい花の中にかくされた複雑な神秘の姿を研究していただきたいと思います。そこには幾多の歓喜と、珍しい発見とがあって、貴女方の若い日の生活に数々の美しい夢を贈物とすることでありましょう。

東京全市を桜の花で埋めよ

日本の人は日本を桜の国だと自慢し威張っているが果たして威張る資格があるであろう？　コチトから見ると少々噴飯を感ぜんでもないナ。ことに東京市の桜ときたらなっちゃいない、残念なことである。

ボクがもし東京市長であったならこんなケチ臭い現状にしてはおかんネ。そして大いに我が抱負を実行して見せるつもりだが、それは無論夢の話サ。夢でない現市長がボクらの希望通りやってくれたらボクは市長を神様として拝むがネ。しかし惜しいことには、どうも市長はとても神様にはなりえないような予感がしてならないが、この感じは決してボクばかりでなくドナタもたぶん同様であろう。

東京の都はどうしても桜の花で埋めにゃいかん。春に花の咲いた時は市内どこへ行ってみても盛んに桜が咲いているようにせにゃならん。つまり花の雲で東京を埋めりゃよい。これからは自動車を走らせて花見をすることも流行《はや》るであろうし、また飛行機で上から瞰《み》下《お》ろして花見と洒落《しゃれ》る人もあろう。さてこの飛行機で瞰下ろした時、下界は一面漠々たる花の雲で埋まり、家といえば高いビルヂングの頂とか議事堂の塔尖とか浅草観音の屋根とか、そんな高い建物の巓《いただき》こすが花の雲の中に突き立って見える程度に花が咲かねばウソである。

それからまた千住口のような出口の道の両側へは少なくも二、三里の間桜を植えて、花時には長い花のトンネルとなるようにせねばならぬ。そうでなく、ただわずか二、三町くらいの長さでは、自動車で花見をする時すぐ一瞬間でそれを通り抜け花を見る暇がない。それゆえせめても二、三里くらいは続いていないと問題にならん。もしそれが五、六里もの間続いていればなお結構だ。

このようになっていてこそ桜の国の名に恥じん桜の花の都となる。これならばヨーロッパの御方が見に来ようがアメリカの人がオ出でようがチットも恥ずかしいことがない。が今日のような、そこにグゾグゾ、間を置いてここにグゾグゾくらいの貧弱さで桜の国の都でゴ座るなんて言えた義理のもんじゃない。恥ずかしくない自慢の花の都にするにはまだ距離が大分遠くて、マー一万光年の恒星を見るようなものだノー。日本がグズグズしているうちに金持ちのアメリカが一足お先へゴ免と出かけてアチラで桜の世界を作り、日本のお株を奪わないとも限らない。現に向こうではところによって日本から移した桜が能《よ》く咲きその国人もそれに憧がれているから決して注意を怠ってはならん、ならん。油断大敵火がぼうぼうとイロハがるたにあるじゃないノ。

どうしても真実東京を花の都にせにゃならんが、これは東京市で何千万本の苗木を用意してこれを市内のどこもかもへ植えることだ。銘々人家の庭へも普《あまね》く植えるようにし、もし家人が苗木を希望すれば無代でどこへでもそれを与え、また場合によっては市役所から人夫を派出し苗木を持たせてそれら希望者のところへ植えに遣《や》ってもよい。「桜の会」などでは今日のように遊びごとみたいなことをせず大いに勢を振るって植桜の輿論を喚起し、それへ拍車をかくべきである。桜かざして今日も暮らしつ式のことは昔のノンキな時代にすることで、今の時世にそんなヌルイことでは夜も日も明けないが、今日の「桜の会」はまずまず頼りないのが実状ではないかと恐れる。桜の苗をわずか八十本くらい植えてみたところで何の誇りにもなりはしない。

それからその植える桜は何でもよい。ソメイヨシノ結構、ヤマザクラ結構、里ザクラ結構、何でもかんでも桜の花で東京市を埋めさえすればことが足りる。しかし早くその目的を達するにはソメイヨシノが一番よいから、主としてこのサクラを植えたらよろしい。人によってはソメイヨシノを貶《けな》してヤマザクラでないといかんと言う連中があるけれども、それは場処によりけりで、東京市中は濃艶で桜色で雲のごとき花を開くソメイヨシノで充分である。ソメイヨシノは疑いもなく都会にふさわしい桜である。

花菖蒲の一大園を開くべし

花ショウブはIris属中のキングで同属二百スペシース中の王座を占めているものである。イリス属のスペシース多しといえども花ショウブに如《し》くものはない。この花ショウブは一種、すなわちワン・スペシースの中に、二、三百の園芸的品種を含んでいて、なおその上にその花が著大であり、雅美であり、花色もまた千差万別であって一様ではない。こんな例は同属中の他種ではとても見られ得ぬ一驚異である。そしてこの花ショウブが日本の特産ときているので吾人の鼻はとても高く、天狗の鼻などは、ヘン、一向に問題じゃないワ。

この世界に誇るべき花ショウブの一大園がその本国なる我が日本にないとはとても吾らには物足りない。従来東京附近の堀切ならびに四ツ木に花ショウブ園があるにはあれども、吾らはアンナ小規模のものを要求しているのではない。新たに吾らの設けんとする花ショウブ園は世界的の資格を備えたものとして少なくも一里四方くらいのものにせねば意義がない。二里四方もあればなおよいが、これほどのものがあってこそ実に花ショウブ園に恥じぬ花ショウブ園である。外国人が見に来てもまずこのくらいの広さがあれば花ショウブの本国としてそう赤面するにも及ぶまい。

何でもアメリカでは自国産の品でないにかかわらず敢えて花菖蒲会というようなものが設立せられているように聞いている。が、これは我が花ショウブが他に抜きん出て特に立派なものたることに太鼓判を捺《お》したと同じことだ。数年前その会の人がワザワザ日本を訪れたことがあったが、日本でもそれに刺戟せられ同じく花ショウブについて何か会ができたように聞いている。しかしそれがその後どうなったか、会員ではない私は能《よ》くその消息を知らない。どうも日本人はワーッと言って会は建ててはみるが、その後がスーッと消えるようにいつとなくその存在が分からなくなる癖があるらしい。マー丁度流星みたいなものだ。

私は上の一里四方か二里四方かくらいの花ショウブ園を東京、横浜間の蒲田辺へ設けてみたい。そうすると汽車からも電車からも見られ、その園の存在が世間一般に強く知れわたる利益がある。蒲田には以前一つの花ショウブ園があったようだが、これは小規模のもので問題にはならない。この辺なれば都会近かの便利な土地でもあれば、その園を経営するにもいろいろ便宜があると思う。この園が成り立っていくようにするには、したがって経費もかかることゆえそれはその道の人に支配させ、花菖蒲遊覧園として万端の設備を整うればよい。一方には遺伝学に明るい今井サン見たような人を招聘して年々新花を作り出し、これを広く世界に供給し、ますます我が花ショウブを発揮させれば、日本花ショウブの名声いやが上にも高まり地球上を風靡するに至るであろう。そこまで行かねば面白くないネ。

支那の烏飯

今日はどうだか知らないが、書物に拠《よ》ると支那に烏飯（一名楊桐飯）というものがあった。すなわちこれはシャクナゲ科のシャシャンボの葉の汁を交ぜて炊いたゴ飯で、その色が黒みがかっているからそれで烏《くろ》い飯すなわち烏飯と呼ぶのである。そしてこれを食すると陽気を資《たす》け、顔色を好《よ》くし、筋骨を堅くし、腸胃を健《すこや》かにし、不断に用いていれば白髪が黒くなり老が到らぬといわれている。私も数年前試みにこの飯を製しそれを千葉県成東《なるとう》での植物採集会の時持っていって会員に示したことがあった。

支那の書物に拠ると、右のシャシャンボを南燭といい一に楊桐の名もある。このシャシャンボは常緑の灌木もしくは小喬木で暖地の丘阜や浅山に生じているが、東京近くでは房州の清澄山《きよすみ》に見られる。枝に花穂を成して痩せた壺状の白花が連なりひらき、のち小円実が生《な》り黒熟して酸汁を含み、地方の子供が採って食する。すなわちシャシャンボの名はこの実から来たもので、その意は小々坊《ささぼう》すなわち小さき実を意味している。そしてこの名と同じ意味を持つものがグミにもあって、アキグミを国によってはシャシャブと呼んでいる。

シャシャンボの一名をワクラハといっている。ワクラハは病葉である。どうしてそんな名があるかというと、それはその紅色を帯びた嫩葉《わかば》から来たもので、すなわち緑葉にまじるこの紅い葉を病気せるものとの見立てである。

この支那での南燭を我が邦従来の学者はみなナンテン（メギ科）だと信じている。彼の小野蘭山《らんざん》の『本草綱目啓蒙《ほんぞうこうもくけいもう》』など勇敢にそう書いているが、それは疑いもなく全くの誤りであって、南燭は決してナンテンではなく、これは前に書いたように正にシャシャンボの漢名である。

右の小野蘭山は上のようにこの南燭をナンテンと思いこんでいるので、それでその南燭からの烏飯をナンテンメシといっているのは間違いだ。そして今これを正当に称《とな》えるならばよろしくシャシャンボメシとすべきものである。蘭山はまたこれをソメイイ（染メ飯）とも書いているがこれは無難な称えである。

上に書いたように南燭がナンテンではないとすると、しからばナンテンの漢名は何であるかということになるが、それは南天燭であらねばならない。南燭と南天燭とは双方相似ているので支那の学者でも往々この両者を混同視していることがある。またナンテンなる南天燭にはさらに文燭、南天竹、藍田竹、南天竺、ならびに藍天竺の別名がある。

上の烏飯は平素の飯ではなく何かの節《せつ》に炊くもので、まずは我が赤飯の場合のようなものであるようだ。そこで想起するのは我が邦で赤飯でも魚でも他家へ贈る時ナンテンの葉を添えることである。人によるとこれは、ナンテンそのものに食物を嘔吐さす性能があるから、この贈り物でもしも万一中毒したことがあったら、即座にこのナンテンの葉を利用して嘔吐させその危難を免かるるようにとの親切心で添えるのだと言っているが、しかし果たしてそれがそうであるかどうかは博識の御方の説明を待つとして、私はこのナンテン葉添付のことは、あるいは支那の祝いの烏飯に色を付ける南燭をナンテンと誤認した結果の同工異曲のものではないかとも想像する。

ホオノキ

ホオノキ（発音ホーノキ）は我が日本の特産で、諸州の深山にもあればまた浅山にもある落葉の喬木ですこぶる大木となる。その葉は闊大で長き倒卵形を呈し、枝端に車状に出で傘を開いたようである。枝とともに香気を含み人をしてモクレン科のものたることを首肯せしめる。葉裏帯白、それが夏時山風にひるがえるところ、すこぶる風情がある。

初夏枝頭緑葉の中心に香気強き帯黄白色の大花を発らき、萼《がく》と花弁とその状区別はなけれど、しかし外の三片は萼で内の六片は花弁であって花形蓮花の姿がある。花中にある多数の雄蕊はその花糸鮮紅色なるがゆえに、外囲の花弁に映じて美麗である。花心に多雌蕊の柱があって花後に巨大な実の柱となり、その表面に多数の子房が附着連合し、秋に熟すれば赤紫色を呈し、各心皮の背が裂けて二顆ずつの種子を出すのである。種子は赤色の仮種被で包まれ白色の糸で吊垂する特状のあることは同属の他種と同様である。

秋になればその葉は枝を辞して散落しその木は裸となり、枝端に獣爪状の冬芽を残し、春になればこの芽から嫩《わか》い新葉が萌出する。その芽を包んでいた薄い鱗片は紅色を呈して美しい。

昔は支那の厚朴《こうぼく》を我がホオノキと思っていたが、後世それは間違いであったことを学者が覚った。この支那産の厚朴はただ支那のみにある木で、その樹皮を薬用とする。そしてその学名は Magnolia officinalis Rehd. et Wils. である。

日本従来の学者は我がホオノキを浮爛羅勒だの商州厚朴などとなしていれど、これはいずれも誤りで、我がホオノキには漢名はない。これは前にも書いたようにホオノキは日本の特産で支那には全くないから、もとより支那の名はあり得ない。

我が邦で能《よ》くホオノキのことを朴と書いているのは厚朴を略したものである。しかし厚朴は日本にはないからホオノキを朴と書くのは間違っている。これはちょうどハゼノキを櫨と書くのと同一轍である。

ホオノキは「吾がせこが捧げて持てるほゝがしは、あたかも似るか青ききぬがさ」と万葉歌にもあるがごとく昔はホオガシワと称えた。そして食物を載せ、あるいは包むに利用したものであろう。今日でも飛驒の国などでは物を包むにこの葉を賞用するゆえ、家にこの木があればそれが財産の一つとなっている。

かの有名ないわゆる遠州京丸の牡丹はこのホオノキである。これをシャクナゲというのは中《あた》らぬ。

ホオノキの材は裁板、刀鞘、版木、下駄の歯などに用うる。

アコウは榕樹ではない

アコウはまたアコオギ、アコウノキ、アコギ、アコノキ、アコ、オウギノキ、ミズキ、アコミズキの名もあり、また植木屋方面ではジンコウボクあるいはキャラボク（ともにもとより真物ではない）といっていた。

さてこのアコウが榕樹でないということは吾らの植物学界ではもはやすでに陳腐な説で、いまさらこんな問題を持ち出してみても何の感興も起こらないが、しかし世間は盲千人、目明千人の喩《たと》えの通りで、まだ今日でもアコウを榕樹だと思っている朝寝坊がないでもないようだ。外は旭日三竿《きょくじつさんかん》でも内はまだ灯火が点いているところがあるようにも感ずる。

里はまだ夜深し富士の朝日影　（江川坦庵）

従来我が邦の学者たちは誰も彼もみなアコウを榕樹だと信じていた。しかしその時代ではこれは無理からぬことであって、当時支那の書物すなわち漢籍、それは『南方草木状』、

『広東新語』、『嶺南雑記』、あるいは『榕城随筆』などを主とし、その他種々の文献の記事文章を読んでみると、いかにもその辺が能《よ》く（近頃こんな場合に「良く」と書いて平気だが、これはあまり無修養を露《あら》わしてみっともない）アコウと一致するように彼らをして感ぜしめたわけだ。我が邦ではアコウは普通に見馴れぬ珍しい樹であるので特に学者たちの注意を惹《ひ》き、その樹の形状や生えている具合や葉ならびに実の様子や、また気根の出る特状などが、どうも榕樹そっくりだというので、そこでついにアコウが榕樹だということになって、徳川時代からそれが明治の中期時代頃まで続いた。そしていずれの書物にもアコウは榕樹なりと出ていて、その間誰もその点に疑念を挟まず、またその非も鳴らさなかった。

ところが明治二十八（一八九五）年台湾が我が日本の版図となった時分から同島の植物が研討せらるるようになり、延《ひ》いて琉球の植物も注意せられ、また一般植物の分類研究が進んできたので、したがってかの榕樹という木の正体が確《しか》と認識せらるるに至り、その結果アコウは決して榕すなわち榕樹でないというところに帰着した。

それなら本ものの榕樹とはどういうものかというと、それはやはりアコウと同属すなわち無花果属（Ficus）のガジュマル（琉球の方言。能く書物にはガツマルあるいはガズマルと書いてあれど訛りだといわれる）というものであった。この樹は常緑で四時葉が青々と繁って鬱葱と蔭をなしており、幹は大木となってそれから鬖々《さんさん》と気根が下がり、まるで褐色の髪のように怪しげに見え、それが地に達すると活着して漸次に柱のごとく成長し、ちょうどかの有名なバンヤン樹と同様な姿を呈する。

その繁茂した樹の下はあたかも大廈《たいか》のごとく、また堂宇のようで、その中へ多くの人が容《はい》ることができる。それゆえ支那ではこの植物の名に木偏に容の字を書いた榕を用うるとのことである。また一説にはその樹の材が不良で何の役にも立たなく自然斧《きら》れることが容赦せられているので、それで榕と書くのだともいわるる。

この榕は広く印度《インド》、馬来《マレー》群島ならびに南支那の熱帯地に普通のもので、延《ひ》いては我が台湾にも多く、また琉球にも生じているが、しかし我が内地まで分布していない。ゆえに従来内地の人はこの榕樹を知らなかった。

この樹は無花果属のものであれどその実（いちじくと同じく擬果である。その果壁は花穂中軸の変形化したもので真正の果実はその房内にある）は小さく、とても食えるようなものではない。そしてその学名を Ficus retusa L. と称する。

アコウは右の榕とは全く別の種であるからしたがってその学名も違い、これは Ficus Wightiana Wall. である。このアコウは一年の間に一度は必ずその葉が散落する。すなわち四月頃新葉が萌出して同時に旧葉が脱去し、新陳代謝して間もなく常態に復するのである。枝上の葉のなき部分に多数の実が生ずるが、これもまた小さくて敢えて食用とするに足らないが、紀州日高の子供はヨウノミと呼んでこれを食すると『桃洞遺筆』という書物に見えている。この実はそれが地に落ちると能くそこに苗を生ずることを私は土佐浦戸で実見した。

このアコウもまた広く印度をはじめビルマなどの熱帯地に生ずるが、また香港にも見られ、さらにまた台湾にも琉球にも生じており、それがなお北方に分布し来《きた》って我が日本内地の南部温暖の海岸地に及んでいる。そして台湾ではこれを雀榕、鳥榕、あるいは鳥屎榕と称するとのことである。時とするとこれに赤榕を充ててあることがあるが、これは『閩書南産志』に出ている漢名で、その樹は宏大で高く聳《そび》え榕の種類ではあろうけれどもそれが果たしてアコウかどうか判然しないから、これをこの樹に用うるのはよろしく差し控ゆべきである。アコウというから赤榕だと思うのは全く素人考えである。

アコウは琉球でアコオキというと書物に出ているからアコウはたぶんそれから来た名であろうと想像するが、その意味は能く判らない。この琉球名のことは琉球人について調べたらあるいは判明するであろう。

上に書いたような訳柄《わけがら》ゆえアコウを榕樹だということは禁物である。土佐の海岸には諸処にこの樹が生えており、ことにかの室戸岬のアコウ林は有名であるが、従来のようにそれを榕樹と呼ぶことは今日限りフッツリと止めねば識者のために嗤《わら》わるるばかりでなく、名実を取り違えるのは無智者のすることである。また学生等にもそんな間違いを覚えさせては極めて悪いから、学校の先生たちもすべからくその辺の事実を予め能く呑み込んでおくべきだと思う。

書物に拠《よ》るとアコウの樹に菌が生え、これをアコウナバといい、またオウギタケという
とある。その形状はシイタケに似て大なるものだという。そして色が白く美味であるとの
ことである。菌類研究者は注意して見るとよい。

幡多郡柏島にアコウの大木があって私は明治十四年〔一八八一〕の秋、幡多郡植物採集
の時行ってこれを見たことがある。同島ではアコギと言っていたように覚えている。同島
のこのアコウには何かいわれがあって、それを前年寺石正路君が同君の著書中に書いてお
られたが、いまその書名を忘れた。何でも同島のものははじめ他から持ってきて栽えたと
のことである。

アコウには土佐方言イタブのイヌビワのように雄木と雌木とがあると思う。雄木では実
が生《な》っても早く落ち、雌木では実が熟するまで残っている。タネを播くと能く生えるから
大いに苗木を仕立て、誰か一山をこの珍樹のアコウ林にして、南日本、ことに我が海南の
地に一等の珍名所を造る珍勇者は土佐にはないかな。それこそ珍名を竹帛《ちくはく》に垂るる可能性
を持っているが。

アジサイ

いまはちょうどアジサイの時節で諸処人家の庭にそれが咲きほこって、その手毬のような藍色花（時に淡紅色のものもある）が吾らの眼を楽しませている。アジサイを昔はアヅサヰとも称《とな》えた。そしてナゼこの花をそういうかというと、かの大槻先生の『大言海』には「集真藍《アヅサヰ》ノ約転」とある。すなわちアヅは集まること、サヰは真っ青なこと、それでアヅサヰ、あるいはアヂサヰの名ができたといわれる。谷川士清《ことすが》の『和訓栞《わくんのしおり》』にはアヂとはほむる詞、サヰとは花の色をいうとある。どっちが本当か。

　サテ、このアジサイを紫陽花と書くほど馬鹿気た名はない。これは旧《ふる》くは源　順《みなもとのしたごう》の『倭名類聚鈔《わみょうるいじゅしょう》』にそう出で、今日の人も百人が百人誰もそう書き、旁《かたが》たその字面の佳《よ》いのにも魅せられて敢えて異議をその間に唱える者は一人もなく、詩に歌に俳句に文章に、当り前のような涼しい顔してそう書いている。世の中は盲千人目明千人というがこの金言はアジサイには通用しない。

　そんなら一体全体、その紫陽花というのはどんなもので、この名はどこから出てきたものか、またこれをアジサイとした根拠はどこにあったかと討《たず》ねてみると、まずその出典は後にも先にもただ一つ白楽天の『長慶集』に出ている一首の詩のみである。すなわちいまその詩をここに紹介してみると左の通り（カナ交りに訳する）

紫陽花

招賢寺ニ山花一樹アリテ人、名ヲ知ルナシ、色ハ紫ニ気ハ香シク、芳麗ニシテ愛スベク頗《すこぶ》ル仙物ニ類ス、因《より》テ紫陽花ヲ以テ之レニ名《なづ》ク

何ノ年カ植テ向フ仙壇ノ上リ、早晩移シ栽テ梵家ニ到ル、人間《じんかん》ニ在リト雖《いえ》ドモ人識《し》ラズ、君ガタメニ名《なづけ》テ紫陽花ト作ス、

何年植向仙壇上、早晩移栽到梵家、雖在人間人不識、与君名作紫陽花、

であるが、いまこの詩を読んでみると、この紫陽花は元来どんな植物だか一向に捕捉しがたい分からぬものである。すなわち樹の大きさも葉の状も、また花の形も一切見えていなく、ただ花色が紫で香気があってそれが山地に生じているという三点だけの事実しか摑《つか》めない。こんなボンヤリしたものを以てこれがアジサイで候とは実に以て驚き入った古人の盲推量である。しかし仮にこれがアジサイであると仮定しても、アジサイの花には絶えて香気がなく、また山地にも生じていないから、これも一向に合致しない。また従来誰も説

破していないけれど元来アジサイは日本でできた花で、いわゆる唐物ではないから、この点から言ってもアジサイは決して紫陽花たり得ない。ゆえにアジサイはアジサイとカナ書きにするより外、途《みち》がない。このように元来アジサイは支那に産しないから、したがって支那本来の土名はない。ゆえに支那人は新たに作った洋繡毬の名でこれを呼んでいる。支那に繡毬という花木があってアジサイがそれに似ているところから、そこでこれを洋繡毬と呼んだものだ。すなわち洋は国外から来た渡り者を意味する。それはジャガイモを支那で洋芋というのと同一轍である。また支那では日本の名を採って瑪哩花とも天麻裏とも称える。

アジサイが日本出のものであるとすると、しかればそれは国内いずれの地に野生しているかというと、どこにも決して野生はなく、ただ人家に栽えられているばかりである。そしてこれはガクアジサイを母品としてそれから出生した変わりものである。

このガクアジサイは多くの海辺の山地に自生していてアジサイと同時に開花し、葉もまたアジサイと同様で葉質厚く葉面に光沢がある。時には人家にも植えてある。その繖房《さんぼう》状を成せる花穂は中央に藍色の細花相簇《あいあつ》まり、その周辺に藍色あるいは白藍色の胡蝶花がこれを取り巻いているから、古人がこれを扁額に見立てて昔から額花《がくばな》あるいは額草《がくそう》と呼んだもんだ。が今日の植物学社会ではガクアジサイと称している。右の由来を知らない人はこの額を萼と書いているが、これは大きな間違いである。アノ花の片は全く萼片《がくへん》には相違なけれど、ガクバナのガクはそれに基づいて名づけたもんではない。往年前田曙山君も彼の園芸書にこの間違いをしていたことを覚えている。

そうじゃない植物三つ

燕子花はカキツバタではない

我が邦では旧《ふる》くからカキツバタに支那の燕子花を充《あ》て誰も彼も疑わずにそう信じきっているが、実言うとカキツバタは断じて燕子花そのものではないのである。元来そうだと言いだした根拠は支那の『渓蛮叢笑』という書物の文で、それは「紫花ニシテ全ク燕子ニ類シ藤ニ生ズ一枝ニ数葩」（漢文）であって実はこれん許《ばか》りの短文句ダ。この「藤ニ生ズ」というのは蔓のようなヒョロヒョロした茎に生ずという意で、それへ六、七花が咲くのであって、かのツンとした茎に一花ずつ咲くカキツバタとは一向に合っていないじゃないか。それもそのはず、この燕子花の正体は実は飛燕草属の Delphinium grandiflorum L. var. chinense Fisch. であるからである。

紫陽花はアジサイではない

世間一般にアジサイを紫陽花だと思っているがこれもまたトンデモナイ見当違いで、紫陽花なんてテンデ何の植物だか得体の判《わか》らぬものダ。これは白楽天の詩にあるもので、その詩は「何年植向仙壇上、早晩移栽到梵家、雖在人間人不識、与君名作紫陽花」である。そしてその註に「招賢寺有山花一樹無人知名色紫気香芳麗可愛頗類仙物因以紫陽花名之」とある。こんなアッケナイ詩と文章とに基づきこれがアジサイでゴザルとは驚き入った盲蛇である。元来アジサイは房州・豆州辺に自生せる額《がく》アジサイを親とする日本出の花で唐物ではない。ゆえに支那では瑪哩花、天麻裏掛、洋繡毬といわるる。

馬鈴薯はジャガイモではない

馬鈴薯をジャガイモだとするオ人は誠にオメデタイ。元来馬鈴薯の出典は支那の『松渓県志』で、その文は「馬鈴薯ハ葉ハ樹ニ依テ生ズ。之《これ》ヲ掘取レバ形ニ大小アリテ略《ほ》ボ鈴子ノ如シ。色黒ク円ク味ハ苦甘ナリ」(漢文)であるが、一向にジャガイモとは合致せんばかりでなく、元来ジャガイモは支那の産ではない。そして洋芋、陽芋ならびに荷蘭薯こそジャガイモの支那名ダ。

正称ハマナシ誤称ハマナス

我が日本の中部より北部にかけ、太平洋ならびに日本海に枕《のぞ》んだ諸州の海辺砂地に正称ハマナシ誤称ハマナスが非常に繁殖し、夏になると大形で美麗な紅紫色の薔薇花が、繁き緑葉の表に発《ひら》いて人目を惹《ひ》くのである。そしてこれが大分長く咲きつづき、秋になるとその玉なす太い実が赤熟して緑葉間に隠見し、花と双璧をなして輝いた色を漂わしている。先年羽後の瀕海地でこの実の美観に逢着し、すなわちそれを二十顆ほど小箱に収め「ルビや珊瑚のその珠よりも私しやこのよな玉がよい」と書いた紙片を添えて東京のあるブルジョアのオ嬢さんに贈ったことがあった。コトホドさようにこの実は格別に見事なのである。

チョット薔薇類の実を説明してみると、この実は本当の果実ではなくて、それは偽果である。すなわちその外壁はいわゆる花托からなっていて、その真の果実はその外壁の内部に潜在している。そして植物界には偽果と名づくべきものがかなりある。

従来日本の学者はこのハマナシを支那の玫瑰《まいかい》に充《あ》てたので今日でもやはりそう信じている人が多いが、それは全く誤認で、玫瑰は断じて我がハマナシ（ハマナス）ではなく、これは支那に普通な一種の薔薇である。花は通常八重咲きでハマナシの花よりはズット小さい。

また前から世間一般にこれが和名をハマナスと呼んでいて、大抵の書物にはその実が茄子のようだからハマナスというのだと解いてある。がしかしこれはハマナシが本当で、その実をその味と形とによってこれを梨に擬《なぞら》えたもんダ。そしてこれは長ミのある楕円形で、かつ普通に生食しない茄子に比べたものではない。それを浜茄子だと論ずるのはハマナスの誤称の上に築いた蜃気楼の謬見《びゅうけん》である。土地の子供が能《よ》くその甘酸な円実を生食し、それが梨のようだから、それでこれが浜梨であらねばならないのである。

一体東北地方の人は通常シをスと発音するので、したがって同地方を主産地とするハマナシが同じくハマナスと土音そのままで発音せられており、なおそれのみならず普通の梨でさえもそれがナスとなっている。それで電信柱もデンスンバシラであるが、たとえ日常東北諸州でそう呼んでいても一般には誰もその電信柱をデンスンバシラとは称《とな》えない。ハマナスもまた、それと同一轍である。ゆえに私は世人が賛成しようがしまいが敢えてそんな俗論には頓着せず、いまこの植物をハマナシと絶叫して少しも憚からないのである。すなわちこれは当《まさ》にそうするのが正しい処置であるからである。そして強《し》いてかくすることは決して僭越でもなければまた越権でもなく、それは進歩でもあり訂正でもある。訂正改正匡正是正修正することは学者の良心であり、責任であり、天職であり、誤謬に膠着して旧株《きゅうしゅ》を墨守し敢えて遷《うつ》ることを知らないのは、身を学界に置く吾らのもっとも恥ずるところである。

野草の大関タケニグサ

夏秋の候に原頭を徘徊すると、そここに普通の衆草とはその観を異にした大形の草に出逢うであろう。その時もしその葉を引きちぎってみると、その折れ口から嫌な黄赤色な汁が出て手につき、誰でもそれが毒草ではないかとの感じが起こる。然《しか》り、それは疑いもなき有毒の植物である。明治のはじめごろにアイクマンという先生が日本でその成分を研究したことがあって書物に出ている。

この草は宿根草で春に旧根から生えて出てくる。その生えて間もないころはその芽出しの葉がチョット異形で根も太いものですから、見る人に珍しい感じを与える。そこが目附けどころで、悪い奴がこれを街頭へ持ちだして、その見馴れぬ草へ、これは後に牡丹のような美麗な花が咲くとダマシて行人に売っているのを見受けることがある。悪い奴、オットこれは買う人が馬鹿なんだ。そんなに手もなくダマサレやすいのは、これはその人が無知なからである。少しでも植物の学問をして野外普通の草ぐらいを識《し》っていたならそんなヘマはしない。ダマサレて悔やしい思いをするのは自分の修養が足らんからで、その売った奴を憎むには当らない。売っていた奴の頭はなかなかよい。金儲けの上手な奴だ。といって、われわれはたくさんな草木を識っているけれど、どうも、そんな知恵が廻らない。嗚呼《ああ》悲哉《かなしいかな》とでもいうのかナ、そんな呼吸を呑み込むことができん生まれだから、われわれは年がら年中いつも貧乏鬮《くじ》の引き通しだ。オットあんまり脇路へそれていって肝腎要の草が見えなくなったから、また元の途《みち》へ引き返してその草を見つめる。

この草の葉は、オイオイその草の名は何というんだ? まずそれからいわっしゃい。そうでないと一向に頭に這入《はい》らん。ごもっともさま、ンーその草の名はチャンパギク。何だえ、妙チキリンな名だナ。一にタケニグサと申します。イヤそれでヤット順序が立ってきた。その葉は葉柄を具《そな》えて茎に互生し、大形で円く、葉縁が分裂して葉の裏面が白い。ゆえにまたウラジロ(裏白)の名がある。風が吹くとその葉がまくれて裏の白い色が目につく。また上のようにその葉が闊大なからこの草を一にカジノハ(楮の葉)ともまたカジクサ(楮草)とも称《とな》える。またその葉縁の分裂片がとても美術的な姿であまりに他草に類がなく、これがもしギリシャかローマにでもあったら、とっくの昔かのアカンタスの葉のように彫刻の原模にでもなり、また画の中へ大分這入っていたことと思う。コトホドさように雅趣のある面白い分裂である。

夏暑い時その茎が五、六尺にも生長して直立し、大形の葉を下から上まで茎を通じて着けている。そしてその茎の梢に大きな花穂を成してたくさんな白花を開くから、遠くから望んでも能《よ》く著しく見えていて、途行《みち》く人の目につきやすいのである。そこここに咲いている時は日が照りつけて暑いざかりの時分だから、これを眺めるとても暑苦しい思いがする。

この草は日本と支那との原産で欧米にはない。したがって西洋人には珍しいのでその苗がずいぶんかの国へ行ったことがある。向こうではこれを庭園に栽えてその壮大なる姿と賑やかな白花を眺めて珍重し持てはやされたものである。なるほどこれを広い平地の庭へ栽えれば、その大なる一叢《ひとむら》は実に立派なものであろうと思う。ことに前にも記したようにその葉が大きくてその分裂が面白いから、なおさら引き立って佳《よ》く見えるであろう。

花一個一個は小さいが、それが大きな花穂に集まって咲くから著しく見える。いま試みにその花を摘み採って検査してみると、それは意外、花弁というものが全然なくて、その顔《かんばせ》をなすものは白色の萼《がく》二片で、これに伴うて多数の雄蕊と一個の雌蕊とがあるのみである。花の開くは午前であって、午後は萼片は散り雄蕊はちぢれる。

実がなるとこれはまた大きな穂となり、柑黄色を呈して立ち、あるいは傾いている。穂にはたくさんな実が綴り房々としている。その一個一個の実は長楕円形で扁《ひら》たい。この穂をゆさぶるとサラサラという音がする。実と実とが相撲《あいう》つ騒音である。この音がするので、それでこの草を一にササヤキグサ（耳語草）と称する。またこれをケンカグサ（喧嘩草）と呼ぶところがあるのは面白い。この一つ一つの実の莢の中には黒光りのする小さい種子があって、それが地に落ちるとここかしこに苗が生える。

タケニグサの名は、よく人がこの草を入れて竹を煮るとその竹が軟らかになるからだといっているが、しかし実際にはそんな事実はないようだ。万一あったらそれは奇蹟である。私はこれは竹似草の意ではないかと想像する。秋の末になるとその円柱形をなした茎があたかも竹のようになるから、それでそう呼んだのではないかと思う。

これをチャンパギクとはこれどうだというと、元来この草を普通の草に比べると、その草状が異形だから、これを異国からでも来たものだと勘違いしてそう呼んだのではないかと思う。すなわちチャンパはいわゆる占城で、安南（交趾支那）の南部にある地域の名である。しかし実際は無論この地から来たものではない。またキクとはその分裂せる葉を菊の分裂葉に比べたもので、すなわちその葉がキク（菊）葉をなしているというのである。

昔はこの根を和の黄芩《おうごん》（日本の黄芩の意）と称え、黄芩（コガネヤナギ）という薬種に交えて薬舗で売っていたとのことである。ゆえにこの草をワオウゴン（和黄芩）と呼んだことがある。また根が黄色を帯び茎葉から柑黄汁が出るから、この草にウコン（鬱金の意）の別名があり、またオゴケゾメ（績桶染）の異名もある。

秋が深み行いて木枯の風が吹く時節になると、その葉はすでに枯凋《こちょう》して、独りその茎が老いた果穂を戴いたまま黄色を帯びて山野に立っている。茎の内部は中空で、ちょうど竹に似ているのである。信州辺の田舎の子供はその時分これを採り来《きた》って、それを適当な長さに切り（この時はもはや黄汁は涸尽して泌出しない）、それに孔《あな》を穿《あ》けて笛を作り鳴らして弄《もてあそ》ぶことがある。そこで面白い事実は、この草を支那では博落廻と称するが、この博落廻は元来笛の一種の名で、先方では同様その茎を笛となして弄ぶとのことで、この点和漢とも一致しているのはすこぶる興味がある。

前に述べたようにタケニグザは毒草であるので、地方によってこれをオオカミグサ（狼草）だの、あるいはオオカメダオシ（狼倒し）だのと称えるところがある。

タケニグサはケシ（罌粟）科に属しマクレヤ、コルダタ（Macleya cordata, R. Br.）という学名を有する。

さて、どんな草でも、またどんな木でも、いろいろ注意して研究してみるとその間面白い事実と趣味とが含まれていて、どのくらい吾らを楽しませてくれるか実に測り知られないほどであるが、なぜに世の人々はこれに無関心でいらせたまえるにや、まことに心おしききわみにぞはべる。

大島桜

伊豆の大島には、誇るに足る植物が二つあって、その一つが椿、またその一つが大島桜である。この二つはともに経済的に同島人がその恵に沾《うるお》うている樹木で、島の人々にとっては実に大切な植物である。それが利用と観賞との両方面を兼ねもっているので、敢えて疑う余地もなくこの二つは同島天与の宝である。

いまここには椿を割愛して単に大島桜について述べてみるが、ただツバキの椿は和製字であってツバキと訓《よ》むより外に字音とてはない。けれどももしも強《し》いてこれを音読したければシュンというより外致し方がない。これは支那の椿《ちん》と字面は同じけれど全然異ったものであるから、ツバキの花を椿花《ちんか》と言ったら物笑いのタネとなるが、世間ではこのタネを頻々《ひんぴん》として播き散らしているのは誠に御メデタイ次第に候いける。まずこれだけの事実はチョット景物に添えておく。ついでにも一つ景物を添えてみれば、鹿は特別に椿の皮を好んで食うから、椿の木を大事がる大島へは忘れても鹿を放ち飼いにせぬことである。

大島桜はその名が示しているように実に大島で発達した同島特産の桜である。しかし大島は元来はじめ海底から噴き上がった火山島であるから太古からの植物はなかったはずだ。火山が海面の上に露《あら》われて顔を出した頃はまだ草もなければ木もなく、ただ熔岩石礫《せきれき》の磊々《らいらい》たる境地であったのだ。そこへもってきてその後いろいろな植物が生えたのは、それをみな日本大陸（ハハハハ）から仰いだのだ。すなわち主として伊豆だのまたは相模だの安房だのの地方から、風に送られ鳥に送られまた海流に送られて、いろいろの植物の種子が年々歳々次第次第に島に運ばれたのである。そこでそれらの種子が萌芽して生え、永い間の年月を歴《へ》てますます増加し繁殖し、ついに今日のような植物界を大島に作り上げたのである。

今から幾千年前とその年数を確《しか》と言うことはもとより不可能だが、内地の山ザクラの種子が一度《ひとたび》好機会に乗じてこの島に入り、そこに生えて育ったのであろう。ついに開花して結実し、その種子からさらに新仔苗が生えて葉を出しつつ生長したであろう。かくのごとくして繰り返され、それが漸次に島に繁殖したであろう。この悠《なが》い久しい年の間にこの樹は断えず海風に吹尽せられ海気に中《あ》てられ暑日に照らされ、かつ幸いに土地にも適して漸次に強壮な姿勢を馴致《じゅんち》招来して、ついに今日看《み》るがごとき大島桜を現出せしめたわけである。そしていま顧みてこれを内地の山ザクラと比較すれば、いっそう丈夫な種となっており、すなわち枝椏も粗大で葉も花も実も大きなものとなり、決して同物とは認むることができないまでに進化したのである。それで植物学者はこの大島桜を山ザクラの一変種としている。いまその各部の形態を精査すると、これは決して山ザクラより離れた別種のものではなくて、前述の通りそれの変わりものたるに外ならない。

サクラが海島に生えてその環境の影響を受くると壮大なるものに変化することは、私はこれを周防の祝島のサクラで実見した。いまここに他の例を挙ぐればかの大島にある八丈キブシも海島で壮大になった種類で、つまり内地のキブシの一変種であることはちょうど大島桜が山ザクラの変種であるのと同揆である。ゆえに私はその学名を *Stachyurus praecox* Sieb. et Zucc. var. *Matsuzakii* Makino. とするに躊躇しない。なおその他の植物でもこれに類することがすこぶる多いのは実地に植物に注意する人の能《よ》く知るところである。

大島桜がとても旧《ふる》い時代から発達していたことは、かの大島で名高い泉津《せんづ》村のいわゆる桜株《さくらかぶ》を見ても判《わか》る。これは同島唯一の古樹で、その樹はまず一千年も経っているといわれているほど旧い、かつ巨大な姿をしているのである。そしてこれが株と呼ぶ名に背かず直立する丈がすこぶる低くその周囲がコブコブしている。頂はブッ切ったようになって、そこから大小十三条の枝が章魚《たこ》の脚かヒドラの肢かのように出で、長い太いヤツは蜿蜒《えんえん》して長蛇のノタクッタようになり、中にはいったん地に付いて復《ふた》び上昇しているものもある。幹の本はかえって上方より小さくて直ちに地に挿し入れたようになっている。そこで私の想像では、この桜株は遠き以前に三原山が爆発した時山面を崩下する石礫のためにその幹の上部を打ち折られ、そこから多数の枝が芽立ったものであると信ずる。そして幹も短いので幸いに土人の斧斤《ふきん》を免がれ、ついに今日に残ったものであろう。

大島桜は花は大きくて樹上にたくさん開くのに拘わらず、その割に見立てのないのはどうしたものか。それには一つの原因がある。すなわちそれはその葉が主として緑色なからである。樹によっては多小褐色なのもあれど、しかし緑色のものが多い。もし大島桜を今よりズット見栄えのある桜にせんとならば、その葉を赤褐色すなわち赤芽とせねばならぬ。幸いにそれがそうできれば大島桜は実に立派な桜となり了るのである。

内地の山ザクラだってそうである。もし山ザクラの葉がいわゆる赤芽でなかったなら、それはとても見立てのないサクラとなる。幸いに赤みの葉が出るからそれがひどく引き立つのである。この赤味のある葉と白っぽい花とが合作してそこに山ザクラの山ザクラたる本色を発揮する。ゆえに公園などに山ザクラを植うるならば必ず特に赤芽のものを択ぶべきである。決して山ザクラなら何でもよいというわけのものではないがなかなかそこまで注意を届かす苦労人はないではないかナ。

とにかく、大島桜は大島の誇りであるからこれと同格の椿とともにもっとずっと大量に植え、雲のごとく、また霞のごとき桜の花と、燃るがごとく、また絳帳《こうちょう》のごとき椿の花とで全島を埋めつくし、いよいよ同地をして東海上の花彩島たらしめたら佳《よ》いと思う。

椰子をことさらに古々椰子と称する必要なし

一

一体、椰すなわち椰樹（ヤシ）というのは決してPalm《パーム》類の総名ではなくて、ただそのパーム中の一種《ワンスペシース》の植物のみを呼ぶ一つの固有名詞で、すなわちCocos nucifera L.の学名を有する一種の植物に対する専用名である。ゆえにこの椰、すなわち椰樹、すなわち椰子以外にはこの名を用いる植物はないのである。

然《しか》るに世間では、椰子、すなわちヤシといえばこの一類すなわちパーム類の総名のごとく心得、通常温室内で出会うパーム類を見ては直ちにみなそれをヤシだと思っているのは大間違いである。すなわちこれらはパーム類でこそあれ決してヤシそのものではない。ゆえにヤシをパームと同意義に使うは誤りで、世間ではこの誤りを敢えてしている者が多く、時に植物の学者でさえもヤシをパームと同意義のように思い厳格にこれを区別していないのを見受けるが、これは学者として不似合いなことである。

普通にヤシと呼ぶのは椰子の字面から来たもので実言《じつ》えば椰の実（椰子の子は実のこと）であらねばならないわけだが、今日ではこのヤシがその植物を指す名となっている。ヤシは右のように実《じつ》のところは椰の実であるから、その実を指してヤシの実といえばそれを正しく考えれば椰の実の実ということになる。されどいまはヤシがその植物の名になっているから、ヤシノミといっても別にオカシクは感じなく当り前の名のように受けとられる。要するに本当にこの植物をいう時は椰あるいは椰樹であるべきで、またその実を指す時が椰子でよい理窟だ。が実際は前に述べたように我が邦では椰子のヤシがその植物の名となっている。ゆえにその実をいう時はヤシノミといっている。

この椰、すなわち椰樹は洋語で言えば Coconut-palm あるいは Cocoanut-palm あるいは Coconut-tree あるいは Cocoanut-tree である。そしてそれに生《な》る実が Coconut（椰の堅果の意）である。ちなみに言う、世間ではチョーコレート樹をココアすなわち Cocoa といっていれども、これはカカオすなわち Cacao が本当で、ココアはそれを誤ったものである。

世間もしも椰、すなわち椰樹を指して古々椰子と言う人があったら（否、いま世間にかく書きかつ言っている人がザラにある）この名は不純な訳名（すなわち Coconut-palm の訳名）であるということを知らねばならない。何となれば古々椰子と言えばその意味は椰の椰すなわちヤシのヤシとなってその名が重複するからである。これは Coconut が元来ヤシの名であるからである。

ヤシにはすでに前からヤシという立派な名があるに拘わらず古々椰子という余計な不要な名を案出したのはそもそも誰であったか。それは当時大学の教授で今は故人となった三好博士であった。世人はヤシといえば何でもパーム類、すなわちそれは温室などに栽培してあるその類をヤシと思っている上に、さらに口調が好《よ》いのでたちまちその古々椰子の名が世間に拡まったのであるが、これは前に書いたように無論良い意味を、また正しい理由を持った名でないから、私はこのマズイ不徹底な古々椰子の名は廃棄してよいと信ずる。そして昔からあるヤシの正称で通した方がズット善いばかりでなく、それが合理的であると思う。

二

元来椰の意味は支那の学者の説に拠《よ》れば、南支那の人はその君長を爺と称《とな》えるので、椰の字はたぶん爺の義に取ったものであろう。そしてそれはけだしその果実が人頭大のもので、そこで百果中の巨大者であると賞讃し、これを爺になぞらえたものであろうと言っている。支那ではまたその果実を越王頭とか胥余とか胥耶とか呼んでいる。そしてどうしてこれを越王頭というかと言うと『南方草木状』という支那の書物に拠ると「昔、林邑王ト越王ト故怨《こえん》アリ俠客ヲ遣ハシテ刺サシメ其《その》首ヲ得テ之《こ》レヲ樹ニ懸ク。俄《にわ》カニ化シテ椰子トナル。林邑王之レヲ憤リ命ジテ剖キテ飲器トナス。南人今ニ至テ之レニ効《なら》フ、刺サレシ時ニ当テ越王大ニ酔フ故ニ其漿《そのな》猶ホ酒ノ如シト云フ」と書いてあって、これがその出典である。

前に椰子の学名は Cocos nucifera L. であるといったが、この Cocos はその属名である。この属中には幾つかの種すなわちスペシースがあって椰子はすなわちその内の一種である。この属名なる Cocos は猿のポルトガル語であるといわれる。すなわちその果実が猿の面に似ているのでその語を採ってその属名としたものである。また種名の nucifera は「堅果ヲ有スル」という義である。すなわち椰子は堅硬な殻をもっている著しい核果を結ぶから、それでこのような種名をリンネ氏がつけたのである。

また Palm の字を独立に訳する時はよろしく椰子類とか椰樹類とか、あるいは椰類とかすべきもので、これは決して単に椰とか椰子とか、または椰樹とかすべきものではない。坊間の英和辞書では往々 Palm を単に棕櫚と訳してあれどそれは正確を欠いている。いまこれを棕櫚類とせば別に差支えはないが、単に棕櫚では正しい意味の訳語とはならないのである。

いまここに椰子の形状を略述すれば左の通りである。

挺幹ハ真直或《あるい》ハ弓曲シ単一ニシテ高サ四十乃至《ないし》百尺。直径大ナル者二尺アリ。円柱形ニシテ表面ニ落葉ノ輪痕ヲ印セリ。葉ハ幹頭ニ叢生《そうせい》シ四方ニ展開シ長サ十八乃至二十尺許《ばかり》、羽状ヲ呈シ其《その》羽片ハ多数アリテ葉軸ノ両側ニ列《な》ラビ狭長ニシテ鋭ドク尖リ、葉柄ノ下部ハ広闊ニシテ茎ヲ抱ケリ。褐色ノ椶毛《しゆもう》アリテ幹ヲ繞《め》グル。花序ハ分枝シ其《その》複穂状花穂ハ長サ六尺、苞ハ一片アリテ強靭、長舟形ヲ呈シ一側縦開ス。花ハ雌雄同株ニシテ花体ハ細小、花穂ノ枝上ニ繁密ニ着キ淡黄色デ三萼片、三花弁アリ。雄花ニハ六雄蕊ヲ有シ、雌花ハ花穂ノ枝末ニ一個ヅツ着キ淡緑色ニシテ雄花ヨリハ大、花心ニ卵形ノ一子房アリテ三室ニ分レ其《その》二室ハ不熟ニ帰ス。一花柱アリテ三柱頭ニ分レタリ。果実ハ大形ノ核果ニシテ多少三《さん》稜《りよう》ヲナシ平滑ナリ。核ハ堅硬ニシテ三面ヲナシ下ニ三孔アリテ元来三心皮タルヲ示セリ。中果皮ハ乾燥厚層ノ繊維質ヨリ成リ、種子ハ一顆アリテ其《その》皮薄ク、胚乳ハ白色ニシテ油多シ（所謂《いわゆる》「コプラ」ニシテ椰子《や》瓤《しじよう》ト云フ）。其《その》内部空洞ニシテ漿液（即《すなわ》チ椰子漿）アリ。胚ハ胚乳中ニ在リテ核ノ孔ニ接セリ。

椰子は熱帯地にあって極めて利用の多きパーム類の一種である。その原産地と、そしてそれが広く諸地に拡まった歴史とについてはなお未詳に属すといわれる。それにナリケラ、ナリケリ、あるいはランガリンなる梵語があるところを以て観《み》れば印度《インド》でももっとも旧く栽培せられていたことが分かるとのことである。

剣術独稽古《ひとりげいこ》のためメキシコに赴く

独りで剣術を稽古し一廉《ひとかど》の剣士とならんことを志願している人々は切れ味の佳《よ》い刀、脇差を用意してよろしくメキシコ国に赴くべしだ。二、三年も脇目もふらずアチラで修業すればたちまち立派な剣術遣いとなること請合い。アノ地では鞍馬天狗のような師範めいたものは一切入用はありません。

メキシコは暑い国であってそこへ行けばとてもたくさんな仙人掌《サボテン》類が天然に生じている。円いもの、長いもの、針鼠のようなもの、泡を吹いたようなもの、蛆ムシの集合したようなもの、幣《へい》のように垂れているものなど実に千状万態な姿を呈している。そしてそれらは大抵大小の針を被っていて、これに触れればとても痛くてたまらない。円いのの大きなものは直径が一尺あまりもあり、高いものは二丈も三丈もあって聳《そび》え立っていて、それには枝のあるものもあれば、また一本立ちのもある。すなわちこれらサボテン類の生じているそこが剣術独り稽古の道場で、この針のあるサボテンの間にあってそれを相手にヤッお面、ヤッお小手、あるいは脳天割り、から竹割り、あるいは胴切り、足払いと縦横無尽にサボテンを切りまくる。サボテンには骨がないから刃のこぼれるを気遣うに及ばずその辺断然安心と、ますます暴れ狂い廻る。アノ太い柱のように立っているヤツを見事袈裟切りにサッと切れば上の方が墜《お》ちてくる。それが頭へ落ちると針があってとても痛くて大変だから、早速の早業で身をかわしこれを避ける。円い奴は横に切り飛ばし、獅子奮迅の勢いで四方八方切りまくれば、だんだん技が上達し腕が冴えてきて二、三年の後にはあっぱれ立派な剣士となり、勇気リンリン、柳生先生ありゃ何だ、荒木又右衛門糞を食えという勢いでめでたく帰朝し、早速に天下無敵メキシコ流剣道指南道場の看板を掛くれば、こは珍しと入門の弟子後から後からと押しかけ来《きた》って門前たちまち市をなすの大盛況。束修《そくしゅう》が瞬くうちに山と積まれるを見て、肩を怒らし厳めしい顔をしていた大先生もこれはこれはとたちまち相好を崩し夷顔《えびすがお》になるのではないでしょうか。

熱海にサボテン公園を作るべし

熱海も実は地域があまり広くなく、その上この頃は大分人家がたくさん殖《ふ》えてますます発展していきつつあるので、空地がだんだん狭められ多少の埋立地もせねばならぬハメになっているようである。それゆえ果たして適当な土地が得られるかどうだか私には能《よ》く分からんが、もし幸いにその融通がきけば、これもやはり天然物を利用する熱海繁栄策が今一つ私の胸に往来している。それはこの地に一つの仙人掌《サボテン》公園を造ることだ。

余地があればできるだけ大きなものにしたいは山々であるが、土地が狭いとすると止むを得ず斟酌を要するが、まず四、五町歩の小規模のもので我慢するよりほか途《みち》がない。そこで適当な地を撰んでその地内へいっぱいの仙人掌を栽え込む。このサボテンは従来からある大形の種で一番早く我が邦に渡来したものである。暖地では能く出会う種類で層々と繁茂し、現に熱海にもこれが見られる。枝は笏の形を成して深緑色を呈し、多少の小針を具《そな》え厚質で長さ一尺内外、幅三、四寸もあって長楕円形を成し、夏になるとその縁に柑黄色の花が咲き、後《のち》楕円形の実が生《な》りて淡黄色に熟し、味はマズイが食えぬことはない。すなわち我が日本へ初渡来のこの記念すべき仙人掌を主人公として最も多数に何百株も何千株も栽え、そこへ配するに他の種々のサボテン類を以てし、そのサボテン群の間を縫うて遊覧人の通路を付け、ベンチも備え、コーヒー店なども出すようにする。右のサボテン類は、珍種は盗み去られる憂いがあるからなるべく普通の品を栽える。それからその後ろへはユッカ、コルジリネ、フェニクス、シュロ、トウシュロ、シュロチク、カンノンチク、あるいはある針葉樹もしくはモクマオウ樹を列植し、サボテン間へはアガヴェ、アロエ、ハマオモト、ムラサキオモト、サンセヴィエラァ、メセムブリアンテムムその他の多肉植物の輩を伍せしめ、他の普通の闊葉草木は一切栽えない。そしてその分量はサボテン類を最もたくさん栽え込む。

そうすると見渡すかぎりサボテンが大小高低参差《しんし》として相依《あいよ》り相連なり、これまで日本に絶えてなかった珍無類、奇抜至極なサボテン園がはじめて出現し、みなをアット言わせること請合いである。一歩園内へ這入《はい》ればたちまち熱帯国へ来たような気分になり、中にサボテン類の多いメキシコへ行ったかのような感じのする人もあるであろう。珍しい珍しいとてたちまち世間の好評を博し、遊覧者年中引きも切らずに熱海へ殺到。この計画はキット図に当たると信ずる。私に〇《まる》があれば熱海の人が経営するのを待つまでもなく自分自身でやってみたくてたまらんけど、例の通りだからどうにもこれはしかたがない。持つべきものは女房でもあれど、また金でもある、ハハハハハ。

『益軒全集』の疎漏

明治四十三年（一九一〇）に東京の隆文館で益軒会《えきけん》編纂の『益軒全集』が出版せられ、益軒貝原篤信先生の全著書がこれに収められ、同先生の書を読む人々にとってはすこぶる便利なこととなり、学界のため、また一般世間のために誠に喜ばしいことであるが、私はこの『全集』に対して少々不満足を感ずる点があるからここにそれを述べてみる。

この『益軒全集』の巻の六に『大和本草《やまとほんぞう》』が収載せられてある。この『大和本草』（本書の題簽《だいせん》ははじめ『大和本草綱目《こうもく》』であった。後には普通に『大和本草』となったが、たまには再び『大和本草綱目』としたものもある。しかし内題は初め『大倭本草』とあり、次に『大和本草』となっている。こんなことは『益軒全集』には書いてない）は有名かつ有益な書で、我が邦の植物を研究する人々は一度は必ず眼を通すべき大切な一典籍である。

この『大和本草』の文章はもと片カナ交じりであるが、それを『全集』では平ガナ交じりのものとした（なおその上余計な句点までが施してある）。そこでそこここに不都合な点が生じたので少なくも『全集』にある『大和本草』の植物名は信用の措《お》けないものとなってしまった。故《ゆえ》にこの『全集』で覚えし植物名にはすこぶる危険性を伴うているといえる。いま左にその例を挙げる。上のが原本の方で下のが全集の方である。

ヲカカウホ子　　をかかうほ子

ヲカカウホ子〔オカコウホネ〕の子はカナである。今日では一般に、ネの字を用いるから編纂者はこれがカナとは気付かず子の字と思ったであろう。ゆえにをかかうほねとすべきものがをかかうほ子となって意味をなさぬことになっている。

黄莎《キスゲ》　　黄莎《やすげ》

キスゲのキが、後摺りの本では墨付きの悪いものが多いため、それでキをヤと見誤ってやすげとしたわけである。

海藻《ナノリソホタハラ》　　海藻《なのりそねたはら》

ホタハラのホをネと見誤った結果これがねたはらとなったのである。『大和本草』にはねは何時も子で今日のようにネの字を使ってないことは先刻御承知のはずではないか。

菫菜《ノセリ》　苣菜《くせり》

ノセリのノを瞥見してクと見違いをしてそれがくせりとなったであろう。またついでに言うが菫菜の菫が原本で彫刻悪く変な字体になっているため判断を誤り、これを想像で苣菜としてしまっている。

檍《アハギ》《アヲキ》　檍《あはぎ》《あてき》

アヲキ〔アオキ〕のヲを板木の磨滅具合でテであると想像し、それであてきとなっている。もしやはり片かなでアテキとなっていればその字面でたぶんアヲキの間違いであろうくらいの想像が付くけれども、これがあてきとなっていては何とも考えようがない。

十姉妹《ハコネウツギ》《ヤマウツギ》　十姉妹《うつぎ》《たぎ》

ハコ子ウツギたるべきものを単にうつぎとなし、ヤマウツギとあるべきものをたぎとして、まことに不得要領な名になっている。これは名称の上の方の板木が磨滅している本《ほん》を本としてこんな不徹底な結果になったことが判《わか》る。

上のような誤りがある。なお精《くわ》しく検閲したならばまだ他にもこんな例が見つかり、また文章の中にもこれに類した誤りがあろうと思う。

この『益軒全集』でその植物名を学ぶ人はナノリソの一名ホタハラをねたはらと覚え、アハギの一名アヲキをあてきと覚えるわけで、その、人を誤ることがはなはだしい。これは畢竟《ひっきょう》原本の片カナを、いらぬ御セッカイをして平ガナにした報いであるとともに、また原本として刷りの鮮明な、すなわち初刷りの善本を用いなかった結果である。原本が片カナなら後さらに印刷する時はやはりその通りにしてよいわけで、何もわざわざ面倒くさく平ガナにしなくてもよい。近頃の人はただ何もかも平ガナに書きたがる癖があって、それでついにこんな失態をしでかしている。片カナをわざわざ平ガナに直すのだから多くの労力もいれば注意もいる。そんなことをしてまでも原本と違えさす必要は少しもない。こんないらぬオ世話を焼くからそれで間違いもでき、したがってその書の信用も価値も失墜する。つまらぬことだ。こんな本はとても恐ろしくて引用などはできやしない。またこんなことがあるから書中いずれの部も原本と違いはせぬかと危ぶまれ、イザという場合はどうしてもその原本を見なければ安心ができなくなり、不便なことこの上もない。また原本の通り片カナなれば前にもちょっと記した通り、たとえヲがテなりホがネになっておっても字体が似ているから何とか考えようもあるが、ヲがてになりホがねになっていてはさっぱり推量の緒が立たぬ。それゆえこんな全集などいうような活版本を複製する人々は大いに猛省すべき事柄で、じつはかくのごときものはみなよろしくreproduction in facsimileにすべきである。ましてや一般校合《きょうごう》の疎漏《そろう》な常習ある今日の我が邦に於いてをやである。

また近来は西洋カブレがしてやたらに句点を打ちたがる癖があるが、カナ交じりの日本文にはそんなに句点を付けなくても文意が能《よ》く解《わか》るから、むやみにこれを施さなくてもことが足りる。今日新聞紙の文章にはそう一句一句に句点を打たぬものが多いが、誰が読んでも容易にその文意が解るではないか。欧文や漢文とは違い邦文はその書き方が順々になっており、その意味を表わす字が逆戻りなしに列ねてあるから、読み下せば句点がなくとも能く解るようになっている。それゆえ煩わしくそれにこれを打つ必要は少しもない。『大和本草』の文章にはもと句点はないが、『全集』にはわざわざこれを施してある。ことによるとその句の切りようで原文の意味を間違えて解することがないとも限らなく、また句点あるがためにいたずらに行数が延び、したがって紙数も増し、まことに不経済至極である。それゆえこんな場合、すなわち原本に句点のない場合は強《し》いてこれを施す必要を認めない。このような見地から、かつて私の編輯しておった『植物研究雑誌』の文章には必要以外には一切句点を施さなかったが、ついぞ読者から『研究雑誌』の文章には句点がないから読んで解らぬというような苦情を持ち込まれたことは一度もなかった。

私は比較研究のために『大和本草』の書を数部蒐《あつ》めてみたが、幸いにその中に一部印刷の極めて良好なものを手に入れた。これは初めの内に刷ったもので、板木に欠損したところなどもなく文字もすこぶる鮮明である。一体この書はとてもたくさんに刷ったものと見え、普通に見る本には文字鮮明ならず板木の欠損したものが尠《すく》なくない。『益軒全集』の原本としてこんなマズイ本を用いたから、それでなおさら誤謬が生じたわけである。こんな堂々たる『全集』に原本として使うなら、もっと充分吟味して良き本を用いたら佳《よ》かったろうに、惜しいことをしたものである。

『大和本草』は永い年の間、前にも記したようにたくさんに印刷して世に出したので、後にはその板木がところどころ悪くなっており、かつその版元の書肆も名が異なっている。すなわち奥附けに「寛永六己丑歳〔マヽ〕〔一六三〇〕仲秋吉祥日、皇都書林永田調兵衛」とあるものが最初の版である。中にはこの年号をそのままに置いてその下に「京烏丸通二条下ル町小野善助蔵版」としたものもあるが、その刷りの具合ならびに製本の様子から観《み》て、これはずっと後にその版木を他から買い受けてはじめて自家で出版したかのように見せかけたものと想像することができる。そして本書は版木の破損するまでもたくさんに刷ったに拘わらず、いまだ一度も改刻したことも補刻したこともなく、始終同一の版を使用していたのである。

野外の雑草

世人はいつも雑草雑草と貶《けな》しつけるけれど、雑草だってなかなか馬鹿にならんもんである。すなわちそれが厳然たる植物である以上、種々なる趣を内に備えていて、これを味わえば味わうほど滋味の出てくるものであると同時に、またその自然の妙工に感歎の声を放たねばいられなくなる。世人がいま少し植物に関心を持って注意をそこに向けるならば、その人はどれほど貴い知識と深い趣味とを獲得するのであろうか。ほとんど料《はか》り知られぬほどである。場合によれば美麗な花を開く花草よりもさらに趣味のあるものが少なくない。私どもは植物学をやっているお蔭で、不断にこれを味わうことを実践しているのでその楽しみがもっとも多い。そしてこの深い楽しみが一生続くのであるから、とても幸福で二六時中絶えて心に寂寞を感じない。ようこそ吾れは草木好きに生まれたもんだと自分で自分を祝福している。

私はこの楽しみを世人に頒《わか》ちたい。それは世人がいま少しく草木に気を附けることによって得られるのである。「朝夕に草木を吾れの友とせばこころ淋しさ折節もなし」、私は幸いにこの境地に立っている。いま世人がみなことごとく吾れに背くことがあったとしても、われはわが眼前に淋しからぬ無数の愛人を擁しているので、何の不平もないのである。いざ二、三の雑草について少しく述べてみましょう。

野外でもっとも眼に着くものはタケニグサである。アノ緑色を帯びた大形の草が群をなして立っているありさまは、その周りの草の中ですこぶる異彩を放っている。この草は支那にもあって、同国では博落廻といっている。

円柱形の中空な茎が高く六、七尺にも成長し、雅味ある分裂をなした天青地白の大葉を着け、梢に大きな花穂が立ちて無数の白花が咲き、遠目にも能《よ》く分かるが、近づいてその一々の花を点検してみると、花には二枚の萼片と雌雄蕊ばかりで敢えて花弁を見ることがない。つまり無弁花である。花がすむと実の莢がたくさんでき、これを振ってみるとサラサラと音がするので、それでこの草を一にササヤキグサと称えるが、それが訛ってシシャキグサともいわれ、またソソヤキとも呼ばれる。またその音で騒がしいから喧嘩グサの名があるのは面白い。

この草を傷つけてみると、柑黄色の乳液がにじみ出るので、これを毒草だと直感し狼グサと呼び、誰もこれを愛《め》ずることをしない植物である。そして別に何の効用もないようであるが、しかしその汁を皮膚病に塗れば癒《なお》るという人もある。

タケニグサはこの草で竹を煮れば、竹が柔らかくなるとたいていの人が想像しているが、決してそんなことはない。私はこのタケニグサはあるいは竹似グサの意ではないかと考えている。何とならばその円柱形の茎が中空ですこぶる能く竹に似ているからである。秋の末になってその葉の枯れた時の茎は堅くなって、まるで竹のようであるから、地方の子供がそれで笛を作り吹くのである。この事実は同じく支那にもあって同国でも笛に利用するとのことである。この草の名の博落廻は一種の笛の名である。

この草は一にチャンパギクと称するが、それはその草の姿がすこぶる特別で衆草と違っている異草と見えるから、それでこれを異国から渡ったものだと思い違いをして、それで占城菊《チャンパギク》と呼んだものであろう。占城《チャンパ》は交趾支那の南方地域の名である。菊とはその分裂葉を菊の葉に擬《なぞら》えたものだ。

なかなか頭のよい商人があって、春早くその太い根株へ少し芽の吹いたものを町へ持ち出し、大道脇で売っていた。商人はこの草には後に牡丹のような大きな花が咲くとまことしやかに叫んで客足を引くにつとめた。そうするとそれを悪人とはつゆ知らぬ善人が、ボツボツその苗を買っていった。私の知人で植物の知識が相当にありながら不覚にもそれに引っかかり、間もなく葉が出てきてみたらタケニグサだったのでシマッタとは思ってみたが、それは後の祭りで茫然自失するよりほかなかった。

そここの人家に栽えてある花草に、マツバボタンという美花を開く草があることは誰でも能く知っているのであろう。この草と同じ属のものに、スベリビユと呼ぶ一年草があって、夏秋の間暑い時分に、路傍や庭先などに多く見られる。草全体が赤紫色を帯び柔らかで、地について生えているので誰にでもすぐ分かる植物である。茎は蚯蚓《みみず》のようで、それに倒卵状楔形《くさびがた》の厚い葉がつき、葉間に小さい黄花が咲く。実も小さく熟すると蓋が取れて細微な黒い種子がこぼれる。

この草の支那名は馬歯莧で、これはその葉の形にもとづいた名である。同国では一にこれを五行菜と称するが、それはその葉が青く花が黄で茎が赤く根が白く種子が黒く青黄赤白黒の五色を具《そな》えているからだとのことである。またこの草はその性はなはだ強く、これを引き抜き放り出しておいてもなかなか枯れず、掛けておいても容易に死なぬ因業《いんごう》な奴だからまた長命菜の名もある。人間もこれにあやかり、かく粘り強くあってほしく、豈《あ》ニ馬歯莧ニ如《し》カザルベケンヤであらねばならぬ。

スベリビユはまたヌメリビユとも称えるが、これは共に滑り莧の意で、その葉も平滑な上になおこれを揉み潰してみるとすこぶる粘滑だから、それでそういうのである。そしてこれを訛って、スベラヒョウだの、ズンベラヒョウだのと呼ぶところがある。

ここに面白いことは、伯耆《ほうき》の国では今もこれをイワイヅルといっていることである。幸いに同国にこの名が現存していたため一つの難問題が解決せられたのである。すなわちかの『万葉集』に、いりまぢの、おほやがはらの、いはゐづら、ひかばぬるぬる、わになたえそねの歌があって、このイワイヅルが読み込んである。しかしその植物については古来その的物が分からなかったが、それが後に上の伯耆の方言で分かったというのだから、方言もなかなか馬鹿にならん大事なものである。

スベリビユの葉の裏を見るとその内部が白く光っている。面白いことには昔の支那の学者がそれを見て、スベリビユの葉の中には水銀があるといい出した。そしてスベリビユの葉十斤から八両ないし十両の水銀が採れると書いている。しかしこれはまるで虚言の皮で、この草の葉には断じて水銀はありはしない。そのこれがあると思ったのは、その葉内にある細胞膜から白く反射している光を水銀と考え違いをしたものであるが、それを数字で示してあるのはウソにも程がある。そこで支那のある学者は、それはもとより採るに足らない妄言だとこれを一蹴している。

スベリビユは食用になる草だから大いに採って食ったらよかろう。私も数度これを試食してみたが、決して捨てたもんではない。現に信州などでは昔からこれを食用としていて、生でも食えばまた干しても貯え、冬の食糧に充《あ》てている。茹でて浸しものにして食ってみると粘りがあって、少し酸っぱいように感ずるけれど、存外ウマイものである。これの一種にタチスベリビユすなわち狏耳草というのがある。茎が立って葉が大きい。西洋でもこれを栽培して蔬菜の一つとしていてKitchen-garden Purslane（菜園スベリビユの意）と呼び、煮ても食い、またサラドとして生で食することもある。

野外の路を歩いていると、そこの叢《くさむら》、ここの叢にたくさん見掛けるものは禾本《かほん》科のエノコログサである。草の中から多くの細長い緑茎を抽《ひ》いて、その頂に円柱形の緑穂をささげているさまはすこぶる野趣がある。東京の子供はこの穂をネコジャラシと呼んでいる。それはこれをもって猫をジャラスからの名であろう。エノコログサはイヌコログサの意で小狗に喩えた名であり、いにしえはエヌノコゴサ（狗子草の意）と称えていた。支那の名は狗尾草でその花穂を狗の尾に見立てたものである。

このエノコログサの花穂は花が終わると直に果穂となり、やはり緑色を呈してたくさんな小さい実から成っている。いまその一つ一つの実を採って検してみると、その本当の実すなわち穀粒は緑色の穎《えい》と稃《ふ》とに包まれている。そしてその下に長い鬚毛があるので、それで果穂に多くの毛を見る結果となるのである。

エノコログサと粟とは同属であって、その縁が極めて近い。ゆえにこの両種の間にはアワとも附かずエノコログサとも附かぬ間の子が能《よ》く生まれ、われらこれをオオエノコロと呼んでいる。粟の畑を見渡すと往々このオオエノコロがアワに交じって生えていて、それがいつもアワより高く秀でている。

エノコログサの姉妹品に、その果穂が黄色なのがあって、これはキンエノコロと呼ばれている。これも普通に諸処で見掛ける。どこへいってもよく見る草はオオバコである。これはその性が強健なのと繁殖が盛んなとで著しい宿根草であるがゆえに、それからそれへと生え拡がり、地面いっぱいになっていることを時々見かける。これは株から苗が分かれるのではなく、みな種子から生えたものである。

このオオバコをところによりカイルバともゲーロッパとも称える。このカイルバもゲーロッパもともに同じく蛙葉《かえるば》の意である。なぜこんな名があるかというに、これは子供がよく蛙を半殺しにしておきその上にこの草の葉を被い、花穂で打てば蛙が蘇生するというのである。支那ではこの草を一に蝦蟇衣とも称するが、それは蛙が好んでその葉の下に隠れ伏しているからというので、日本の蛙葉とは少々その意味が違っている。

オオバコとは大葉子の意味である。それはその葉が大きなからである。この葉の嫩《わか》いのを摘んで食用にすることができる。またその種子にはいろいろな薬効があるようだが、眼を明らかにするということもその一つである。

またオオバコの花は瘦長い穂となして葉中から抽き、下に花茎があってその上部が花穂となっており、新旧相参差《しんし》として立っている。花は細小で数多く、緑萼四片と四裂せる合弁花冠とよりなり、四つの雄蕊が花上に超出して葯をささげている。中央に一花柱と一子房とがある。この花は元来雌蕊先熟花で雌蕊が雄蕊よりさきに熟し、早くも白い花柱が花外へ延び出ている。そしてこれが衰えて萎《な》えると、今度は雄蕊が後から出て熟し、高く葯をもたげ花粉を散らすのである。その花粉の散る時は自分の花の花柱はすでに萎《しな》びているので、自家受精を営むことができないから、止むを得ずその花粉は他の花へ行って、その花柱へ附着するのである。花柱には細毛が生えているから花粉をうくるには都合がよい。そしてこの花粉は風に送られて彼岸に達するのである。ゆえにこの花を風媒花と称せられ、この草を風媒花植物といわれる。風媒花の植物はいつも花粉に粘気がなくして、それがサラサラとしている。

花がすむと実ができるが、実は小さく蓋がとれて中の種子が露《あら》われ、風でその果穂がゆさぶられると、その種子が飛び散るのである。そしてその附近の地面へたくさんな小苗が生えて出てくる。

この草の支那の通名は車前であるが、どういうわけでそう呼ぶのだというと、このオオバコは好んで路傍や牛車馬車の往来する轍《わだち》の跡地へ生えるからだとのことである。この種子がいわゆる車前子で、すでに書いたようにこれが薬用になるといわれる。

サクラ痴言

サクラというのは我が邦古くからの名で、それは恐らくいわゆる神代よりの称《とな》えであろうと思われる。こんな旧《ふる》い邈乎《ばくこ》からの物名には、その意味の分からぬものが尠《すく》なくない。そしてそれがまた極めて普通に人に慣れ知られた草木に多いが、それは当たり前のことと思われる。すなわちそんなものは早く目に付き、人々に知れているものであるから、その名の早くできたのも宜《う》べなりけりである。サクラの名も、その呼びはじめし時代には何かその意味はあったであろうが、悠《とお》く久しい後の今日ではそれが充分に分からない。つまりそれは神代語とでも言ってよいのであろう。

サクラは、何々の語原から来たものといろいろ学者が云々しているが、どうもこれならと首肯するに足るものはないようだ。つまりこれはああだ、こうだと言っているに過ぎない。そしていよいよこれなら間違いはないと断言されている語原は、どうもないようだ。それがかの木花開耶姫《このはなさくやひめ》のサクヤの転訛だとか、あるいは咲麗《さきうら》の約言だと言うのはただ想像の説だと私は思っている。

それから、今日我が邦で普通にサクラに対して使っている桜の字は、元来は我がサクラに当て嵌《は》めるべき字ではないが、昔の学者の認識の不足からそれが我がサクラに誤用せられ、ついにそれなりズルズルとサクラに使われるような習慣になったに過ぎない。然《しか》れば桜の本物は何であるかというと、それは桜桃である。すなわち桜桃と桜とは同物で、桜はむしろ桜桃の語の基をなしたものである。桜の実が桃の実の形に肖《に》ているというので、桜桃の名が生じたのである。それなら桜とはどういうわけで言うかというと、それはその実が瓔珠《えいしゅ》（ヨウラクの珠）に似ているからである。この桜桃には一に鸎桃の名があるが、これは鸎（ウグイス）という鳥がこれを口に含んで食うからである。この口に含んで食うというところから、また桜桃の別名を含桃とも称する。

日本人は、はじめこの桜桃をサクラだと思っていた。それゆえ右のように桜がサクラになっていた。然《しか》るにその後日本の学者は、この桜桃はサクラではなくて、ユスラウメであるとなした。ユスラウメは小灌木で、春に白花を開き、夏に円い赤い実を結び、それが食えるものである。これは元来我が邦の産ではないが、旧い時代に支那から日本へ渡り、今日では我が邦諸州に能《よ》くこれを見受ける。そしてこの種は満洲には野生している。

このようにユスラウメが桜桃であるという説は、徳川時代から明治時代頃まで続いていて、なお今日でもそう書いてある書物を見かけないでもない。最新の辞典の『大言海』でも、またそうなって旧套《きゅうとう》を脱していない。が、しかし、ユスラウメは決して桜桃ではなく、これをそうする説は全然誤りである。

このようにユスラウメが桜桃でないとすると、それなら桜桃は何であるかという問題となる。この問題は徳川時代の学者ではとても解決はできなかったが、今日では学問が進んだ御蔭で、その辺のことが判然としてきて、桜桃の正体が能く判《わか》った。

そこでこの桜桃であるが、この樹は実は世界のどこにも産せず（栽植したものは別として）独り支那のみに生ずる。同国の特産果樹（花樹ではない）である。ゆえに支那の『本《ほん》草綱目《ぞうこうもく》』という書物にも、これが果の中の山果類に入れてある。

この桜桃が、明治の初年にやはり果樹として日本へも渡ってきた。そして諸処に栽えられたが、どうも果実があまりたくさんに着かぬセイか、大して世人に顧みられなく、したがって一般にハヤラなかった。それでもその時分の樹種が今日までもなお残っていて、いまこれを諸処で見掛けるが、マー捨て栽えくらいになっている程度のところが多い。

そうしている内に、西洋の「スウィート・チェリー」すなわち学名で言えば、「プルヌス・アヴィウム」の苗木が日本にやってきた。コイツは果実も佳《よ》く、かつそれが樹上にたくさんに生《な》るので、たちまち繁殖し、今日ではかの山形県などから、その時節になると多量の果実のサクランボが東京市場にも多く来るようになっている。この樹種は元来東洋にはなく、全く欧洲の原産で、その園芸的の変わり品が少なくなく、果実の大小、色、味わいにいろいろあって、またその熟果期にも早晩がある。

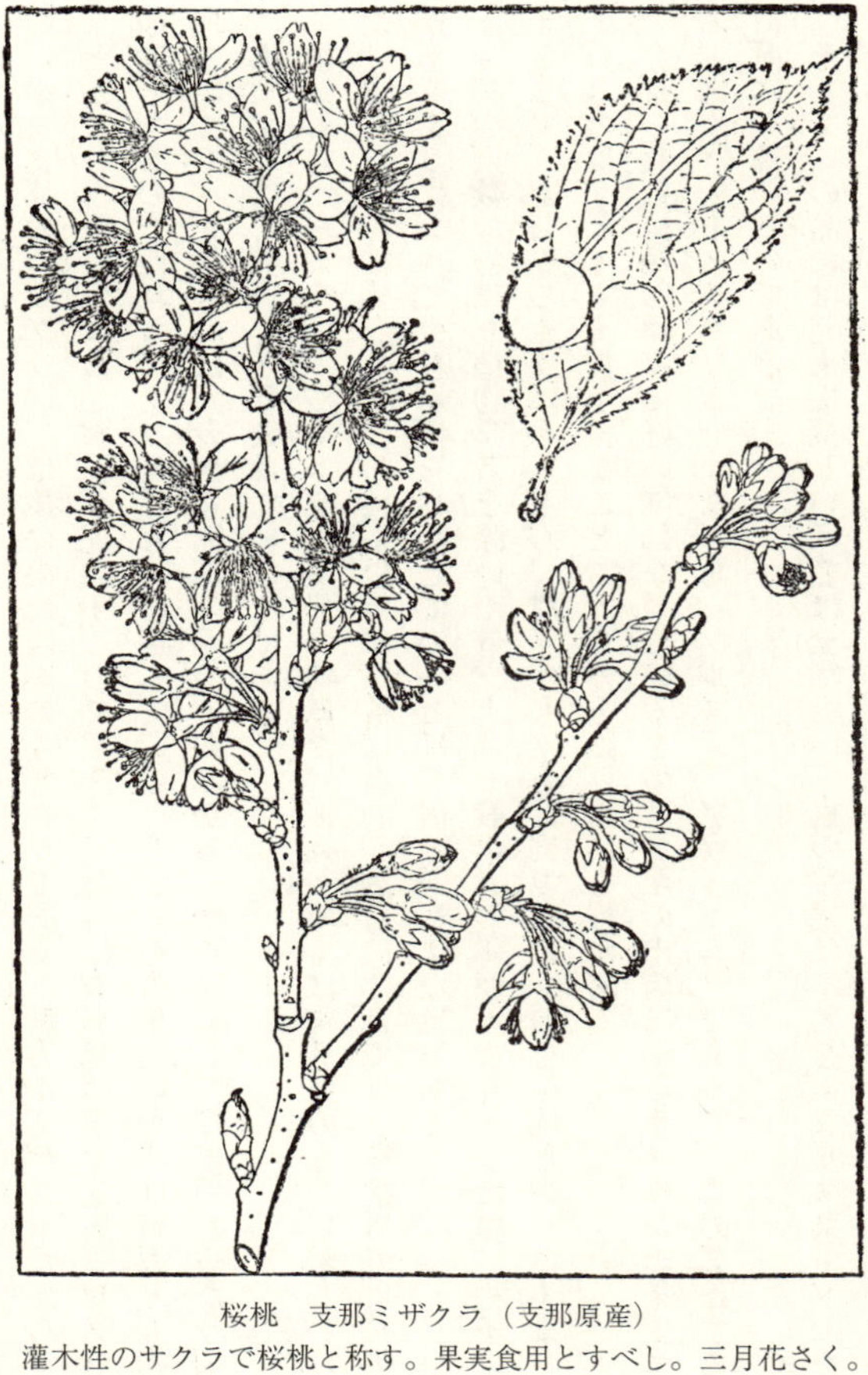

桜桃　支那ミザクラ（支那原産）
灌木性のサクラで桜桃と称す。果実食用とすべし。三月花さく。

サア、ここに至って日本に実の食用となる実ザクラが二つできたわけで、すなわち一は前に来た支那のミザクラ、一は後に来た西洋のミザクラである。両方がミザクラだから、何とかこれを言い分けぬと両種が混雑するので、そこで吾らは支那産の方を支那ミザクラ、西洋産のものを西洋ミザクラと呼んで区別している。たとえその果実の形状は両方とも相似ていても、元来これは両者全く別種のものであるから、かく区別して呼ぶのが当たり前であって、誰も異論を言う人はないはずである。

前にも言ったように、桜桃は全く支那の特産で、桜桃といえば支那産のものに限るわけだ。支那以外に桜桃なく、この桜桃以外に桜桃はない。然るに今日では、桜桃以外に桜桃があるようになってそれが幅を利かせているとは、何と逆《さか》しまな世であろう。

今日少人数の物識り植物学者を除いた外、上は一般学者の御歴々より、下は猫、杓子に至るまで、園芸界の人々はもちろん、農界の人々も桜桃でないものを桜桃と言ってすましているのは、とても滑稽至極なことで、ものを識らぬにも程がある。

今日一般に桜桃と呼んで好い気になっているものは、かの市場に出るサクランボを生ずる「スウィート・チェリー」すなわち「プルヌス・アヴィウム」であって、この名はすでに前にも書いたのである。

そしてこの品には元来桜桃という名は全然ない。真の桜桃は学名を「プルヌス・プセウドセラスス」というもので、前にもすでに述べたようにこれは支那の特産である。

然るに無謀にも上の「スウィート・チェリー」を桜桃と冒称し、その名実を乱したのは大いなる失態である。すなわちこれはある年にその栽培家やら学者やらが集まって合議し、そう極《き》めたもので、それで今日のようになり来《きた》っているから、この誤謬《ごびゅう》を世間に拡めた失態の責は、当然これらの人々が負うべきであり、ことにこの会議に列席した右の学者は、その指導的立場を忘れて学者たるの資格を裏切り、その誤りを敢えてせしめているのは、実は名は学者であっても、少なくも果樹に対する知識は何ら無学者と択ぶところがないと言われても別に怒るわけにもいくまい。

寒桜の話

カンザクラというサクラの一種があって、学名をプルーヌス・カンザクラ（Prunus Kanzakura, Makino.）と称する。落葉喬木で多くの枝を分かち、繁く葉を著《つ》くる。高さはおよそ一丈半くらいにも成長し、幹は直径およそ一尺余りにも達する。

このカンザクラは、普通のサクラよりはズット早く開花する。寒い時に早くも花が咲くというので、寒桜の名がある。彼岸ザクラに先だち、すなわち二月にはすでに花がさくので、普通のサクラの先駆けをする。しかし東京では寒気のためにその花弁が往々傷められがちであるが、駿州辺のような暖地ではまことに見事に開花する。

東京ではかの荒川堤に二、三本あって、能《よ》く花が咲きおったが、私ももはや久しく同堤へ行かないから、今日果たしてそれがどうなっているか分からない。それはかなり大きな樹であったため、たぶん今日でもなお存しているであろう。しかし同堤の他の桜樹のように大分弱っていはせぬかと想像する。

東京上野公園内、東京帝室博物館の正門を入ったすぐ正面より少し右寄りの地点にカンザクラの老樹一本があって、毎年花が咲くと能くその写真が新聞紙上に出て、上野公園のヒガンザクラが咲いたとその名を間違えて書いてあった。

公園唯一のこのカンザクラは、今日はその樹がどうなったか、ここも私は久しく行かぬゆえ今その辺の消息が分からないが、大震災後同館内も大分変わったから、今日では果たしてそれがどうなっているか。安全？　異変があった？　そこへ行ってみれば分かることだが、もしも旧来からの場処に見えないとならば、この名樹はいまどこへ移されたか、あるいは無慙に截《き》られたか、それを突き止めてみたい気もする。

右博物館内のこのカンザクラについては、ここに左の話を書き残しておかねばならぬことがある。このカンザクラは私にとっては思い出の深い一樹であるからである。

明治から大正へかけて、私は一度右の帝室博物館の天産部に兼勤していたことがあった。それは無論大震災の前であった。その時分には上野公園は博物館と同じく宮内省の所属であって、公園は博物館で管理していた。当時私の考えたのには、もしアノ早く咲くカンザクラが少なくも十本でも二十本でも上野公園内に植えられ、同公園に一簇の桜花が他の花に率先して咲いてその風景に趣きを添えたとしたら、どれほどみなの人に珍しがられることであろうと信じた。

そこでその時上手な植木屋に命じて、その一本の親木《おやぎ》から接ぎ穂を採って用意せる砧木《だいぎ》に接《つ》がせてみた。しかしどうも活着がむつかしくて、ヤット二本だけ成功させたので、こ

カンザクラ（牧野原図）

れを公園へ出す前にまずそれを母樹の傍《そば》へ植えさせた。

幸いにこの二本の幼樹がその後勢いよく生長しつつあったが、今日はそれがどうなっているのかと、ときどきこれを思い出すのである。元来当時自分の意見で上のように実行したものであるから、折りに触れてこれを回想するたびに右のカンザクラの親木と児の木とについて心もとなく思っているので、この博物館のカンザクラについて上に述べたような事実があったということをここに書いておくのもせめてもの心遣りである。右の事柄は恐らく今日の博物館の御方も御存じないことであろうと想像するから、いまここにそのありし当時のイキサツを書き残しおくこともあながち無益ではなかろうと信ずる。

私は上のごとく博物館に勤めていた当時は、人々を引きつけるに足る珍しい桜を上野公園に栽えて公園を飾り、衆目を娯《たの》しますことにつき不断の関心を持っていて、それを実行に移しかけたこともあったのである。

すなわち前のカンザクラもそうであったが、次に日本の東北地方の山に多きオオヤマザクラの苗木百本を、自費で北海道から取り寄せてこれを博物館に献納し、同館内の地へ栽えて生長させたこともあった。私はこのオオヤマザクラを後日上野公園へ出して植え、それへ花を咲かせたら、普通のサクラよりは花色の濃い美麗なサクラが公園内に咲いて、公園に遊ぶ衆人はこれを観て珍しがり喜ぶであろう。そして公園を飾り立てるにも佳《よ》いと思い、右のように実行を始めたのであったが、襲来した大震災のためにそれが頓挫し、また私も震災直後同館への勤めを止めたのでその実行が継続しなかった。

その後間もなく公園が東京市へ移管せられたので、すなわち上述のオオヤマザクラの苗木が博物館内に栽えてある事実と、そのかくした理由とを東京公園課長の井下清君に話し、右の苗木を博物館より譲り受けて上野公園へ出してもらったことがあったが、その時はその苗木が元百本もあったものが枯れたかどうかして、ただ十一本しか残っていなかったと聞いた。多分井下君はそれを上野公園のどこかへ植えさせたのであろうと思うが、今日そのオオヤマザクラがいずれの地点に栽わっているのか、私には判然していない。もしも右の樹が枯れずに生長しつつあるとすれば、今日ではもはや花が咲かねばならぬのだが、それが果たして毎春咲きつつあるや否や、見極めたいものである。もし幸いにその樹が枯れずにあって年々花が咲きおるとすれば、上に述べた人の知らない私の心づくしも幾分酬《むく》いられるわけであるが、今それがどうなっているのヤラ。

寒ザクラは無論我が日本のものであれど、しかし今日までまだどこにも野生のものが見

緋寒ザクラ（牧野原図）

付からない。これはことによるとヤマザクラとヒカンザクラ（緋寒桜、学名はプルーヌス・カンパヌラータ Prunus campanulata, Maxim.）との間の子かも知れぬ。またそう思わせる資質を現わしているがそれが、果たしてそうかどうかはにわかに判断が付かない。ヤマザクラと緋カンザクラとは大分花時が食い違っていれど、しかし早く咲いたヤマザクラと遅く咲いた緋カンザクラとが甘《うま》い具合に交媒したことが万一あったとしたら、その時はその間の子ができないものでもないと想像する。今日はかの染色体の研究が盛んだから、その方面から検討してみたらあるいはその辺の事情が能《よ》く判《わか》ることと思う。

私は伊豆の熱海の繁栄策の一つとして、以前から考えていることがある。それをもし熱海の人士が実行するならば、これは確かに熱海の利益である。そしてその花時に際しては、東西南北の御客を熱海に吸い寄せることができると信じて疑わない。すなわちそれは上の寒桜と緋寒桜とを利用することだ。

その策はカンザクラの苗木をまずおよそ千本くらい（なおたくさんあれば多々ますます弁

ずる）用意して、これを熱海の適当なる地へ植え込む。そしてまた、かの緋カンザクラ（現に上のカンザクラもこの緋カンザクラも数本はすでに同地の人家に栽えてあって、毎年能く花が咲きつつあるから、この両樹は同地に適する）の苗を同様用意してこれを植える。そしてそれらが生長して花が咲くようになれば、この両樹の花は熱海のような暖地では、早くも一月時分から開花するので、そこで熱海ではもうサクラの花が咲き、それが赤白二色の咲き分けになっているとて、とても評判になり、ソラ熱海のサクラの花見に行けとて押し掛けるワ掛けるワ、汽車はいつも満員であろう。熱海の旅館やホテルの主人たちが、ナゼこの点に着眼しないか不思議である。

これは言うべくして容易に行うことのできる何でもない事柄であるから、私は同地の繁栄のため早くこの二つの赤、白サクラを栽えられんことを御奨めして止まない。マーやって御覧なさい。キット当たるヨ、そして後《のち》にはようこそ植えたということになる。

そこで熱海で然《しか》るべき地を相《そう》して寒桜を各方へ分散して植えずにこれを一区域へ列植して一群の林を作る。それから一方の緋寒桜も同様これを方々へ分植せずにこれも一群の林となるように列植する。そしてなるべくはこの二桜林を左右か上下かに接近させる。

間もなくそれが生長し花を開くようになると一方は白いサクラ、一方は赤いサクラと咲き分けになり、それが二月頃同時に開くから、熱海では赤白咲き分けのサクラが早や咲いているとて大評判となり、この機逸すべからずと同地の宿屋連中が馬力をかけて大いに広告すれば、ソラ行って花見をせよやと、オ客が吾れ劣らじと四方八方からワンサワンサと押し掛けきたり、宿屋はたちまちみな満員、桜の林には人だかり、とても同地は賑わうことであろうと信ずる。

こんな天然物を利用して繁栄を策することは永久的のものであって一時的のものでなく、策のもっとも上乗《じようじよう》なものである。私は熱海人士に、熱海人士が大いに私のこの献策に耳を傾けられんことを願いたいとは、ズット以前から私の熱海を念《おも》う老婆心であったのである。ところがサスガ同地にもやはり具眼の人々があって、近来寒桜の苗木を多数用意し大分これを同地に植えたのである。しかし残念なことにはその苗木が諸方にばらばらに植えられてあるので私の意見とはチョット相違している。かくこれをばらばらに植えてそこにチョボリ、ここにチョボリでは引き立たない。どうしてもこれはそれを一処に群栽して、それはちょうど梅林のように、それを桜林とせねば、せっかくの努力も大した好結果を持ちきたさないことを私は私《ひそ》かに憂えている。

花物語

第一　花を観る時の注意

ハナ（花）は草や木の大切な器官で、タネ（種子）を造るところである。そして花の形や色や大きさや匂いなどは、草木の種類によって、まことに千差万別である。ことにウメ、サクラ、ハナショウブ、シャクヤク、サツキ、アサガオ、キクなどのような培養植物にあっては、特にその花の変形が著しい。吾々は「ああ美しい花だ」「この花は珍しい」といって、花の美醜を判じ、珍奇を弄《もてあそ》ぶことを喜ぶ。けれども花を観るのに、夢でも見ているようにただ漠然と色や形に心を奪われていたのでは、ほんとうに深く花に対する楽しみを味わうことはできない。真に花を楽しもうとするには、どうしても花に関する正しい知識と理解がなければならない。であるから、花を観る時は細かいところまでよく視極《みきわ》めるように充分に注意をして、花の本体を正しく知るようにしなければならない。そのためには次のような点を明らかにする必要がある。

一、花の着くところ。

二、花に接した葉や茎の状態。
三、花の着き方と開き方。
四、花の部分的組み立て方とその形状。
五、各部分の数と大きさと色と匂い。

そしてこれらの点を、単に見るばかりでなく、それを写生して絵に、もしくは文章に表せば、さらにいっそうはっきり知ることができてよろしいのである。

(一) 花の着くところを注意して視ると、タンポポ、カタクリ、チューリップなどのように萼《てい》という特別な茎が出ていて、その頂端に花を着けているのや、エンドウ、アサガオのように葉が茎に着いている元際の上腋から、小さな花茎すなわち花梗が出て、それに着いているものもある。またボタンのように枝の先端に着くもの、サクラ、ナシのように短い枝の先に幾つかの花が簇生《そうせい》するもの、サルスベリ、オミナエシのように茎や枝の先端が、特に細かく分かれて小さな枝を出し、その小枝に花を着くるものなど、さまざまであることが知れる。

(二) 花に接した葉や茎の状態には、非常に変形したものと、しないものとがある。アザミ、カヤツリグサなどは変形の目立つもので、マツヨイグサ、キキョウなどはその変形の目立たぬ方である。そして、フジ、イネ、トウモロコシ、オミナエシ等はその変形の度合いが少し強すぎて、花序という特別な説明を受けなければ会得ができにくいものとなっている。

（三）　花の着き方のいかんを知るには、蕾《つぼみ》から注意して見なければならない。オキナグサ、カワホネのように一茎一花のものは、着き方については別に問題はないと思われるが、それでも正確な知識を得るのには、地下茎に於けるその位置を探る必要がある。開き方は、オキナグサにあっては花が半開で下向きとなり、カワホネでは上向きで平開する。また、花が幾つも着くものは、下の方の花が先に咲き、次に上の方の花が咲くものもあれば、上の方の花が先に咲いて、下の方の花が次に咲くものもある。すなわちルリトラノオ、オカトラノオ等の花は下から咲き、ワレモコウ、キンシバイの花は上のものから咲き始めるのである。

（四）　花の部分的組み立て方とその形状とを知ることはまことに大切である。銀杏樹すなわちイチョウは、樹は大きくなり、葉は立派であるが、その花ははなはだ簡単で、種子を造るという目的に向かって、率直にむき出しである。雌花と雄花とに分かれて、雌花には種子となるべき卵子というものをむき出しに着け、雄花には花粉を生ずる葯《やく》という嚢のようなものをたくさんに着けているだけで、花弁などは全くない。また、たいていの人が知っているダイコン、もしくはアブラナの花には、紫色あるいは黄色の花弁があり、その外部には緑色の萼片があり、内部には雄蘂とか雌蘂とかいうものがあって、複雑な構造をなし、形状もそれぞれ特異なさまを呈している。が、しかし、それらの花の諸器官は、ちゃんと一定した位置を取っていて、決して乱れていない。右のダイコンでも、アブラナでも、またカブやカラシナでも、ナズナ、タネツケバナでもアラセイトウでも、その花を採って験してみたまえ。その四枚ある萼片のうち、外の列の二枚は、その一片が軸に対し、他の一片はそれと向かい合って一番向こう側に立っている。そして内の列の二枚は必ず外の列の二片の間に位している。また、四枚ある花弁は萼片の間にあるから、みな中軸へ対しては斜め向きになっている。六つある雄蘂のうち、長いものが四つで、短いものが二つある。この四つのうち、二つが軸へ対し、他の二つがそれに反対している。そして短い二つはその両側にある。中央にある子房はその中を験してみれば、必ずその両側に卵子が着いているが、その一方は必ず軸に対し、他はそれに反対している。こんなならび方はどんな枝のものでもみな一様で、決してよい加減な位置になっているものではない。

次に、花の諸部分の組み立て方、その他を解りやすいように表にして示すことにする。

- 花
  - 花被
    - 萼……………………萼片
    - 花冠（花筒）…………花弁
      - 花爪
      - 花面
  - 雄蘂…………………………
    - 葯（花粉）
    - 花糸

雌蘂……………子房（卵子）
　　　　　　　花柱
　　　　　　　柱頭

（五）　花の各部分の数や大きさや色や匂いは精確に知らなければいかぬ。萼と花冠との区別が分明しないハス、またはツバキの花の雄蘂のように多過ぎて数えきれないもの等もあるが、花器の数は種類によって大概一定しているので、花を知るにはそれを調べるのもまた必要なことである。大きさや色や匂いにはかなりの変化がある。わけても色と匂いは花のそれぞれの個性に従って異なることもある。

　繰り返していうけれども、花を見る時にはどこまでも徹底した視方をせねばいかぬ。精細に視る習慣さえ持てば、どんな花に対しても興味が湧き出て尽きることがない。花弁の赤や紫をちらと見て満足しているようでは、花に対する真の愛は起こらないし、また自然界の大原動力である生命に触れる機縁も得られないであろう。

第二　花の姿

『古事記』という大昔のことを書いた書物の上巻に「ここに天津《あまつ》日《ひ》高日《だかひ》子《こ》番邇《ほのに》邇《に》芸尊《ぎのみこと》、笠《かさ》沙《さ》のみさきに顔よき美人《おとめ》の遇へるに、誰《た》がむすめぞと問ひたまひき。答へ曰《まお》したまはく。

大山津見尊のむすめ、名は神阿多都比売、またの名は木之花佐久夜毗売とまをしたまひき」とあって、我が国の神代《かみよ》の頃に、顔よき少女《おとめ》、すなわち美女と花とを並び賞したことが知れる。神阿多都姫《かむあたつひめ》がたいへん美しかったので、別名を木の花が咲いたような姫といったのである。現代でも「花のような美人」などといって、我が国民は一般に花は美しいものと極《き》めている。この思想が禍いして、我が国民の花に関する一般的知識すなわち常識が進み得ないのである。花という言葉の一番初めは美わしい物を呼ぶ名であったかもしれないが、後世になって「これが花である」とその物が人々の間に提示されるようになっては、それに関する知識が進むのは当たり前で、その知識の中でももっとも正確明瞭なのは科学的知識である。であるのに多くの人は、花に関する知識をこの明確な科学的知識に依《よ》ることを喜ばないで、昔のままに情的な判定を貴ぶ風がある。知識は世界的のものである。吾々は固陋《ころう》の弊を打破して、我が国人の植物に関する科学的知識の標準を向上せしめ、世界の大勢に後《おく》れないようにしなければならぬ。

世の中にひろく読まれている詩歌や文章の中に「名なし草」とか、「名も知れぬ美わしき花」とかいう語がちょいちょいあるが、これはたとえ有名な人が書いたものであっても、実に不見識千万である。偉い人はどんな些事についても忠実でなければならない。然《しか》るに近来、文壇に名を挙げる文豪や、思想の善導を叫ぶ聖賢といわるる人は、自然界の一事物、植物についてすら正確な理解を有していない。まことに気の毒なことである。我が国には、名なし草などという植物は一本もない。どんな微細な草でも、またどんな巨大な樹木でも、みな科学的名称をもって世界に公表されているのである。これは学術上の名称であるから略して学名といい、普通呼びなれている名称を和名というのである。和名には一般に通用するものと、一地方だけにしか通じないものとがある。後者を特に方言という。花屋や植木屋が何も拠《よ》りどころのない名を言いふらすことがあるが、これは「でたら名《めい》」というものである。

「名は実の賓なり」といって、物があって初めて名があるのである。どんな草や木でも、必ずその名が科学的に定められているのであるから、草木の名を正確に知るにはぜひとも科学的知識がなければ不可能である。草木の名と花の姿とは深い関係があって、花の姿を科学的に知ることは、草木の名称を正確に知るためにも大切なことである。

花を科学的に看《み》れば、ハナショウブのように顕著にして艶美なものも、アワゴケやフサモのように隠微細小なものも、どちらも花たる資格を等しく有しているので、その花の美醜顕微は第二の問題である。第一に重んぜられなければならないのは、その花の部分的の形状である。そして、その姿を表現する言葉や文字は一定していて、これを学術的用語、あるいは略して術語というのである。次に花の記相を述べるが、術語はその折々に説明して、花に関する科学的興味をも併せ記することにしよう。

第三　花の記相

吾々は人を看る時に、第一番に注意をするところはその人の顔である。この心理作用は吾々が草木に接する時にも同様に起こって、花に対してもっとも強く心を引かれるのである。それゆえ、花がない草木は誰でもほとんど見向きもしない。また、花があっても顕著でなければその花を見逃しやすいのである。人間の顔の道具立ては、眉・目・耳・鼻・口・額・頬・頤などからできていて、その一つが欠けても奇怪な顔となるが、花の道具立ては一定していない。しかし標準となる道具立てはあって、六つの部分から組み立っている。すなわち苞《ほう》、花梗《かこう》、萼《がく》、花冠《かかん》、雄蘂《おしべ》、雌蘂《めしべ》などがそれである。が、これらの六種の道具立てを完全に具備している植物は無論多いが、あるものは苞や花梗を欠き、またあるものは萼を欠き、あるものは雄蘂を欠くというありさまである。そしてあるものは特別の道具立てを余分に着けていることもある。

吾々はもっとも親しく看なれている人の顔を、言葉や文字、もしくは絵画をもって充分に表現しようと試みても、なかなか自分の思うようにはできないものである。そればかりでなく、見落としているところや、知りようの足りないところなどに気が付くものである。きまりきった人間の顔でさえそうであるから、まして千差万別の花の形状を十分に再現しようとするには、ていねいに、よく見極めねばならぬものである。花の形状、色彩等を文字もしくは絵画に表わすことがすなわち花の記相である。花の記相とは、人間でいえば人相書のようなものである。そして科学的記相には必ず要点が定まっており、また用語も定まっているものである。次にこれらの説明をしよう。

(一) 苞

花に接して着いている変形葉で、普通の葉が変わって萼になるその中間のものである。マツヨイグサ、ヤナギソウなどでは下部の花は葉腋《ようえき》に生じ、だんだん上に進むに従って花に接する葉が普通の葉よりも小さくなり、形も変わってゆくのが知れる。キュウリグサなどでは、花が進むに従って花梗を擁する葉がだんだん小さくなって、ついになくなってしまう。これらの実例によって、苞は、普通の葉の変形物であることはわかるが、その変形の度合いがはなはだしいもの、または複雑になったものにあっては、花の部分と考えられて、普通の葉とはよほどかけ離れたものもある。また、苞は草木の種類によって生じないものもあるし、早く脱落するものや、ずっと後まで残っているものもある。しかし、苞は一枚の葉に相当するもので、一群の花を擁するもの、ただ一つの花を護るもの等の別もある。また苞とは名ばかりで、蕾を護る働きもなさそうな細微なものもある。しかし苞をもっている花を見ればただちに、腋生《えきせい》すなわち葉の腋《わき》に生じたものであることが合点されるのである。

特殊の形状をしている苞には、次のようなものがある。

(イ) 仏焔苞　または篦状苞ともいう。テンナンショウ、ウラシマソウ、カラスビシャク等の肉穂花を包擁する異形の苞はその好《よ》い例である。またバショウ、シュロ等のように一群の花を数枚の葉で包擁する場合にもこの語が用いられる。

(ロ) 総苞　三つ以上の苞が輪のように、もしくは螺状《らじよう》に密生して、一花もしくは一群の花を擁するものをいう。ミスミソウの花で萼のように見える緑色の三小片は総苞である。アザミ、ヨメナ、タンポポなどの花の下部にたくさんの緑色の小片が襲《かさ》なりあっているが、これも総苞である。またヤマボウシ、ゴゼンタチバナ等の花部に白色四片の花弁のようなものがあるが、これも総苞である。

(ハ) 小総苞　ニンジン等に見るように花部の組み立てが重複している時、その二番目の総苞をいうのである。

(ニ) 小苞　ミミナグサ等の花部に見るように、苞を有する花の花梗に、さらに生ずる二番目、三番目の苞をいうのである。

(ホ) 稃　支那音は稃《ほう》であるが、通常稃《ふ》と呼んでいる。イネの花の小舟形をしている二片がそれである。

(ヘ) 鱗状苞　軸もしくは花床に生ずる微細な苞、または小苞のことである。ヒャクニチソウには小花を擁する微細な鱗状苞がある。

(ト) 穎　字音に従って穎《えい》と呼んでいる。オオムギ、カヤツリグサなどの花部にある細小片で、いわゆる小穂の下部を占むる二片をいうのである。苞または小苞の特異なもので、これを具《そな》うる花を特に穎花という。

（二） 花梗

一つの花の支柄、または一群をなす花の総柄をいう。そして花梗は普通葉を着けないもので、その一変態と考えられるのである。

（イ） 小花梗　一群をなす花に於いて、一つ一つの花を支える小柄を、その総柄に対して呼ぶ名である。花の配置が重複して、花梗から小花梗を分かち、小花梗からさらに小花梗を出して花を着けるような場合は、最後に花を着ける柄にのみ小花梗の名を附けて、その中間のものは第二次花梗、第三次花梗の名で呼ぶのである。

（ロ） 葶　サクラソウ、スイセン、ヒガンバナ等のように地下部から出ている花梗をいう。葶は全く葉を着けない。

（ハ） 花軸　フジ、ナンテン、ヤツデ等の花穂に於いて、中軸のように延長した花梗をいう。

（ニ） 花床　キク類の頭状花に見るごとく、多数の小花を着ける盤状の部分をいう。これは多数の花を着ける花軸かまたは茎が、極度に短くなったものと考えられるので、一つの花に於いても、その花の基底はやはり極度に短縮した茎と考えられるから、この場合にも花床という。
(ホ) 腋生梗　蕾と芽とはもと同じ器官であるから、生ずる場処も同じである。この語は葉腋から生じたことを示すのである。
(ヘ) 頂生梗　茎もしくは枝の頂端に生じたことを示すのである。
(ト) 無梗　または無柄。一花もしくは一群の花に於いて、花梗がない場合をいう。

(三) 花序

茎または花軸に於いて、花がどういう具合に排列されているかを示す語である。花序は茎の分かれ方、葉の着き方、および葉襞などと関係が深いものである。
(イ) 有限花序　枝の先もしくは各花軸が、順次にその頂端へ花を着けるものである。ミミナグサなどに見る聚繖《しゅうさん》花序はこれに属する。
(ロ) 無限花序　どこまでも伸びる花軸に、元の方から頂端の方へと咲き進む、いわゆる求頂的な咲き方、あるいは周囲から中心に向かって順次に咲き進む、いわゆる求心的な咲き方をいう。そして小花梗があるものには総状、繖房、繖形などの別があり、小花梗が極めて短いか、あるいは全くないものには頭状、穂状《すいじょう》、また変態のものには葇荑《じゅうてい》、肉穂《にくすい》などの別がある。総状花はこの花序の代表として解りやすいものである。
(1) 総状花　フジ、ウワミズザクラ、キミカゲソウ等の花穂に於けるように、花軸の元の方の花から順次に頂端の方へ咲きすすみ、頂末の蕾は元の方の老花からはるかに伸び出ていた。
（2）繖房花　シモツケ、ガクアジサイ等のように花軸が割合に短く下部にある小花梗が割合に長く伸びてそれらの頂端が平らに揃っているか、凸形をなしているものをいうのである。花軸が短くなって、小花梗が伸び拡がった総状花と見ることもできる。であるから、花は周囲から中心へと順次に咲きすすむのである。
（3）繖形花　ヤツデ、ニンジン、ハナウド等に見るように、小花梗が傘の骨のように花梗の頂端から拡がって出たもので、そして、苞は節間が発達しないために一処へ集まって総苞となるに至ったのである。
（4）頭状花　タンポポ、ヒマワリ、ヒャクニチソウ等のように、花梗もしくは葶の頂端にたくさんの小花が集まって、一つの花のように見えるもので、総苞は萼と間違えられやすい。昔の植物学者はこういう花を擬花と呼んだことがある。吾々がもしこれらの頭状花を一つの花であると思って「タンポポの一輪を摘む」などと言おうものなら、百年も前に出版された植物学の書物に笑われなければならない。この花序は繖形花がいっそう変形して、小花梗がほとんどなくなってしまったものと考えられる。
（5）穂状花　オオバコ、イノコズチ等のように、長く伸びた花軸の周りに小花梗のない花が着生するもので、総状花または頭状花の一変態と考えられる。もし小花梗があるとしても、それは必ず極《ご》く短いものである。
(6)肉穂花　カラスビシャク、テンナンショウ、ウラシマソウ等のように肉質または肥え太った花軸が延長してその周りに花梗のない花が着生するもので、穂状花または頭状花の一変態と考えられる。これはテンナンショウ科およびシュロ科植物に限られて呼ばれる名である。
(7)葇荑花　クリ、シラガシ、シイ、ヤナギ、クマシデ等に見るように、鱗状苞の発達した穂状花で、雄花のものと雌花のものとがある。花がすんで果実となっても多くは全体のままに残り、脱落して別々に離れないことが他の花と異なっている。
(8)円錐花　タケニグサ、ホザキシモツケ等のよく発育したものに、下部の小花梗がさらに小花梗を出して第二次花梗となり、上部の小花梗は元のままでその全形が円錐状になったのがある。これを複総状花といって、同じ系統の花序が複合したのであるが、円錐花には、禾本科《かほんか》植物のように穂状花が総状花のように重複するものもある。これは異系複合に由《よ》るもので、次の聚繖花にもその例がたくさんある。
(ハ)聚繖花序の諸相　聚繖花は有限花序に属するものであるが、その花梗が順次に幾つもに分かれて無限花序のように発達し、花序と花序とが重複する場合が多い。それを複合花序といって、聚繖花が同系複合をすれば複聚繖花となる。ナデシコ、ミミナグサなどがその例である。そして第一次の花梗の一番上の葉腋から新たに小花梗を出す時は、その葉から上の、葉も苞もない部分を小花梗と呼ぶのであるが、その新しく出た小花梗はさらにその葉または苞の腋から第二次の小花梗を新出する。この場合その第二次小花梗を支持する第一小花梗の葉または苞の下部を改めて花梗と称し、その上部の花を着ける無葉無苞の柄だけ小花梗というのである。これは一般の複合花序に共通なことである。聚繖花の複合花序には次に述べるようないろいろの変態がある。

(1) 小聚繖花　単純な聚繖花または複聚繖花の一部分で、ただ一度しか花梗が分かれないものをいうのである。

(2) 団集聚繖花　ヤマボウシ、ゴゼンタチバナ等のように、花梗が極度に短くなって、人間の頭のように、もしくは毬のように丸く集まったものをいうのである。この集まり方のやや緩いものを束集聚繖花と呼んでいる。

(3) 総状聚繖花　また偽総状花ともいう。アカナス、キュウリグサの花序はちょっと見ると総状花のようであるが、花梗が継軸的で、その発育の実状を見れば聚繖花であることが解る。モウセンゴケにもその例は見られる。

(4) 偽繖房花　ベンケイソウのように繖房花のように見えるものは、聚繖花が複合した一変態で、繖房状聚繖とも呼ぶべきものである。

この他にもまだいろいろ変わって複雑になり、正確に判定するにはなかなか面倒なものである。オドリコソウ、ウツボグサ等の輪生花を見ても聚繖花序の変形の多いのに驚くのである。

(四) 花の前と後、右と左

マツヨイグサのごとく顕著な苞を具《そな》うるものについて、苞を前とし花軸を後として花を見下した位置を記憶して、苞に面する方を前面とし、花軸に面する方を後面というのである。そして後面を上面ともいい、前面を下面ともいう。しかし表裏とか背腹などというのとは別であるから注意されたい。また、左右を定めるには苞を正面にして、吾々の右手に当たる方を右といい、左手に当たる方を左とするのである。が、花の前後左右ということは絶対的のものでないから思い違いをせぬようにしなければならぬ。

(五) つぼみ

発育して花となるべき幼いものが、蕾である。

芽と蕾とは全く別のもので、ソメイヨシノ等の芽と蕾とを注意して看《み》る時には、芽からは枝や葉が伸び出し、蕾は花と現われることが知れる。そして芽と蕾とは初めはたいそうよく似ている。このことから花は枝が変わったものであるということが考えられるのである。

(六) はな

花は一つの軸または軸の頂末の部分で、特殊の形をした葉を着けているもので、その変形葉すなわち萼とか花弁とかは、普通の葉の営養作用の代わりに、有性生殖作用に役立つのである。語源からいえば花は形に因《よ》ったものであるが、植物学上ではその働きすなわち生理的作用を考えに入れた語として広い意味に使用されておるから、形によって花とはこのようなものであると定めるわけにはゆかない。しかし、花とはどんなものであるかを知るには、形に於いて諸部分が完備し、学術的には簡にして明なる花を選び、これを代表的実例として看るがよい。そして他は類をもって推し知るのである。

(七) 花蓋(花被)

ヤマユリ、カノコユリ、ノカンゾウ等の花に於いて、そのもっとも美《うる》わしい弁状のものを総括して花蓋といい、その一枚は花蓋片という。そして各花蓋片はほとんど同形同色で、萼と花冠とに区別できないものである。しかし、それらの着き具合やその他の点の違いによって、内側にあるもの外側にあるものと区別できる場合には、外花蓋と内花蓋とに分けることがある。なおまた花被という名によって、萼と花冠とを総括することがある。そして萼ばかりがよく発達して花冠のように見えるもの、例えばオキナグサに於けるがごときも単に花被と呼ぶことがある。花蓋と花被とはもともと同質のものであるが、花蓋は単子葉植物の花の場合に多く用い、花被は広い意味で一般に使用する。

(八) 萼

ウメ、モモ、スミレまたはアブラナ等に見る花のように花の組み立てが複雑で、萼、花冠、雄蘂、雌蘂の四層に分かつことができる場合にもっとも外層にあるのが萼である。花被の一種で、底部が合着したもの、または全く分離したものなどがある。分かれている一片は特に萼片という。普通には次の花冠よりも小さくて、かつみすぼらしいが、ある種類では、オキナグサのように、形も大きく、かつ目立って変わった色を帯びているものもある。ケシなどでは花が開くとすぐ萼だけは早く散ってしまうが、ホオズキなどでは花が終わってから、かえって大きくなり、果実を包んで美しい色を帯びるようになる。

(九) 花冠

普通では、花の造作のうちでもっとも目立ち美わしいもので、萼の内部にある。サクラの花などは花冠を見て人々が騒ぐのである。一般に花冠は優しく美わしいものであるが、例外もある。また種類によっては花冠がないものもある。ツツジ、キキョウ等の花冠は合着しているが、サクラ、アブラナ等のものは分離している。分離する花冠の一片を花弁と称する。花の美しい色、香りよい匂い等はおもにこの花冠にあるのである。そして花冠はその色や匂いで昆虫を誘惑して、花粉を運ばせるに役立つのである。

（十）雄蘂

雄性器官ともいう。花の重要な器官の一つで、雄性を帯びている。ウメ、モモ等の花を見ると黄色な小球をつけた糸のようなものがたくさんある。これが雄蘂である。アブラナなどではわずかに六本あるばかりで、よく見分けられる。この糸のような部分は、花糸といって柄の役目をする。種類によって花糸のないものもある。小球状または長楕円状をしている小さな嚢は葯と称して、普通二室に分かれ、側部が縦に裂けて中から粉のようなもの、すなわち花粉を吐き出すのである。葯は草木の種類によってさまざまである。

（十一）雌蘂

雌性器官ともいう。ウメ、モモ、アブラナ等の花の中央に乳棒の形をした小体が直立している。これが雌蘂である。その内には種子となるべきものが蔵され、成熟すれば果実となるものである。雌蘂の下部は少し膨らんで、内は室のように空いていて、そこには将来種子となるべき卵子が蔵されてある。それゆえこの部分を子房という。子房の上部が伸びて柱のようになっている。この部分が花柱である。花柱は草木の種類によって、ないこともある。アブラナ等はあっても比較的短い。そしてその頂端に粘っている部分がある。ここを柱頭といって花粉を受け入れる大切なところである。雌蘂は葉の変形したもので、元が一枚の葉であると思われるものを一心皮といい、一室子房の雌蘂は多く一心皮より成り、二室子房のものは二心皮、三室子房のものは三心皮から成り立っているものが多い。雌蘂は一つの花の中に、一個のもの、二個のもの、ないし多数のもの等いろいろある。みな草木の種類によって異なるもので、ウマノアシガタなどは多数の雌蘂をもっている。

(十二) 花床

茎の頂端に相当するもので、前に述べた萼、花弁、雄蘂、雌蘂を着けておるところを花床という。花序の話の内で頭状花の花床のことを述べたが、あれは幾つかの花を着けるもので、ここにいう花床は一つの花の一部であり、また土台となっているものである。普通にはこれを花托といっている。

(十三) 花部の変態

ツバキの蕾の開きかかったものを摘み取って、外側から鱗片状のものを一枚一枚剝ぎながらよく看る時は、萼とも花冠ともつかないその中間物のようなものを見つけることがある。カニノツメというサボテン類のものの花にもこのようなことが見られる。花の諸部分が葉の変態であることはこうした実例によって証明され、普通、葉……苞……小苞……萼……花冠……雄蘂という順序で変態が進むことはいろいろの花によって知られる。ロウバイなどの花では萼と花冠との区別ができにくくなっている。そして変態のはなはだしいものに狂い咲きということがある。その実例はアサガオ、シャクヤク、ハナショウブ、サクラ等の園芸品に数多ある。ケシなどの花では雄蘂が花弁のようになったものがいくらもある。フゲンゾウという八重咲きのサクラの雌蘂は緑葉に変わっている。

(十四) 等　勢　花

コモチマンネングサなどの花器を見ると、萼片五、花弁五、雄蘂〔十〕(五と五)、雌蘂五あって、花弁は萼片に互生し、雄蘂の外側の五つは花弁に互生し、雌蘂は雄蘂の内側のものに互生している。そしてこれらは一定の基数に従い、花器が全備し、両性がよく発育している。そういうのを等勢花といって、これは等勢花の見本として申し分がない。また花器の各部の数がそれぞれ同じきものを同数花という。

(十五) 端　正　花

イワレンゲ、ナス等の花に於けるごとく、花器の各部すなわち萼、花冠、雄蘂、雌蘂の一部の器官を組立てる一つ一つが、前後左右いずれの方面にも同形なるものをいう。各部の数にかまわないところが等勢花と異なる点である。

（十六）全備花

標準となる花の四器官すなわち萼、花冠、雄蘂、雌蘂を全部一つの花に具備するものをいう。アブラナ、ウメ、ツツジなどの花はみなこれである。

（十七）花器構成の基数

花の各部すなわち萼、花冠、雄蘂、雌蘂のそれぞれの員数は、草木の種類によってある数を基としている。例えばオニユリは三、イワレンゲは五というように各部の員数に共通の基数がある。しかし、例外のものもたくさんあって、キツネノボタン、モクレン等の各部、バラ類の雌雄蘂のごときは定まった基数がわからない。また極端なものにはスギナモの花のように萼や花冠が不明で、一雄蘂一雌蘂を具《そな》うるだけのものもある。しかしてアブラナの花では二を基数とし、オニユリの花では三を基数とし、ベンケイソウの花では五を基数としている。このことは花を看たり記相をなす場合に必要なので、一の数を基数とするものを「一数出花」といい、順次に二数出花、三数出花、四数出花、五数出花、というのである。すなわち花器の各部が二の数に出る、三の数に出るという意味である。

（十八） 模型の花

花は特に短縮した枝の頂端に、変態せる葉が環状または螺状に着生して並んでできたものであることを明らかに表わし、その上になお、花器の等勢、同数、端正、全備等の諸条件をすべて具うるような自然花はなかなかない。これは理想的のものであって、一つの模範的型である。例えば五数出の花に於いては、萼片五、花弁五、雄蘂五、雌蘂五、各部が分立してそれぞれの位置を占め、特殊の形をなして離生し、花弁は萼片に互生し、雄蘂は花弁に互生し、雄蘂は雌蘂に互生するのである。そして各部の一つ一つはそれぞれ前後左右に形、大きさ、色などが同じなのである。このようなものは花の構成を理想的に示す模型であって、一面に於いては代表的花の構成である。

（十九） 同数雄蘂花

または「単出雄蘂花」ともいう。アヤメ、カキツバタ等の花では雄蘂が三個あって、花の構成基数と同数である。すなわちこの語は基数と同数の雄蘂を有することを示すのである。

（二十）重出雄蕊花

オニユリの花には雄蕊が六個あり、ベンケイソウの花には雄蕊が十個ある。オニユリの花の構成基数は三で、ベンケイソウの花の基数は五である。そして雄蕊は二重になって互生し、外圏のものは外花蓋片あるいは萼片と対生し、内圏の雄蕊は内花蓋片あるいは花弁に対生している。すなわちこの語は花の基数が重出した雄蕊を有することを示すのである。

（二十一）花の変態法

花がどれもこれもみな模型の花のようなものばかりであったなら、吾々は花に対して愛着の念を起こさないであろう。しかし、実際に於いては花の変態があまりに激しくて、これでも花かと考えさせられるようなものが多い。そこで吾々は理想的に花の標準となる型を造り、この模型の花に照らし合わして、それぞれの花の変態のありさまを知るのである。そして変態の起こり具合、すなわち変態法は大略次のようである。

（イ）合着法　朝顔の花冠のように同一器官が癒着することで、同一器官が二圏になっておれば同じ圏内のものだけが癒着すること。

（ロ）着生法　異なれる花器、もしくは同一花器の異圏のものが癒着すること。

（ハ）歪成法　同一花器もしくは同圏のものが、形や大きさが不揃いとなり、あるいはゆがんで癒着し、偏形を呈すること。

(ニ)退萎法　退滅法ともいって、模型ではあるべきはずのある部分が現われないこと。

(ホ)倒置法　重襲法ともいって、相接する異圏のものが互生しないで対生すること。

(へ)増数法　倍増法ともいって、幾つかの圏、もしくはある一つの圏に於ける器官の数を増すこと。

(ト)局外成長　器官の前面、時には後面から特殊の成長をなすこと。

(チ)花床あるいは花軸の特殊の発達。

しかし、これらの変態法は一花に一法だけ起こる場合もあるが、多くの場合は一花にその数法が起こり行われているのである。その重要なものだけを次に説明する。

(二十二)　端正なる合着法

同一圏内のものだけが癒着する場合は極めて多く、その程度にもさまざまある。底部だけのもの、半ばまでのもの、また全部が癒着するものもある。もし合着した一つ一つが全部均等に成長して端正な形をしている場合は「端正なる合着法」が行われたのである。コナスビ、トウガラシの萼、キキョウ、アサガオの花冠、キク類の雄蘂、オトギリ、ビヨウヤナギ、セキチクの雌蘂などみな端正なる合着法が現われている。

（二十三）異質器官の着生法

異なれる花器が癒着することである。花はまず第一に花床に他の器官が着生したものであって、さらに萼に花冠が着生するもの、雄蘂が着生するもの、雌蘂が着生するもの、また花冠に雄蘂が着生するものもたくさんある。そしてその着生の程度にも種々あるが、大略次のように区別される。

（イ）下位着生　オニユリの花のごとく子房が花床の最頂部を占め、その下に順次に雄蘂、花冠、萼（もしくは花冠）などが列を正しく分立して、模型の花のように着いていることを示すものである。

（ロ）同位着生　雌蘂の周辺に他の器官が着生することを示すもの。

（ハ）上位着生　クサボケ、アヤメなどの花のように子房が全部花床の内に没して雄蘂、花冠、萼などが雌蘂の上部に着生するように見えることを示すものである。

（ニ）上位生　ある器官が他の器官の上位に着生することを示すもの、例えばベンケイソウの子房は他器官の上にあるから上位子房というのである。

（ホ）下位生　ある器官が他の器官の下に着いていることを示すもの、例えば、アヤメ、ザクロの子房は下位子房である。

（二十四）同一器官の歪成法

同一圏内のものの大きさが不揃いとなり、あるいはゆがんで癒着し、偏形を呈することがある。サワギキョウ、スミレ、エンドウなどはその例である。エンドウの花はその形が蝶に似ているより今は蝶形花と呼ぶが、古くは蛾形花と呼ばれていた。すなわち雌蘂は一本で他の器官は五数出の等勢を現わし、上面の一花弁はことに大きくこれを旗弁といい、次の左右にある二花弁はやや小さく色も変わっていて翼弁という。そして下面の二花弁は翼弁に覆われながら、多少合着して船首のような形をしている。これが竜骨弁である。このように五枚の花弁は不揃いに発達して奇形を呈している。萼は歪成の度が低く不斉の合着によって上面の二萼片が他の三萼片よりも高いところまで合着している。雄蘂は十本あるが上面の一本だけ合着に漏れて、他の九本は花糸の基部で一体に合着し、これらの十本で雌蘂を囲んでいる。スミレの花は下面の花弁が特に著しい変形をなし、その基部に距《きょ》という蜜が入っている嚢のようなものを持っている。

（二十五）器官の滅失

オキナグサの花のように花冠のあるべき位置に花冠が全く見えぬものや、アケビの雄花のように雌蘂はあってもその発育が極めて不完全なものや、ヒエンソウの花弁のごとく五数出の構成であるべきに、前面の一花弁が滅失しているもの、またはキササゲの花のごとく花の構成は五数出であるのに、その雄蘂は完全なものは二個だけで、他の三個は発育不完全でみすぼらしい、というようなこれらのものについて、吾々は器官の退萎、または退滅という術語を用うるのである。そしてこの二語の明確な使い分けは、ただ極端な場合にだけできるので、そのどちらにもつかないものには都合が悪い。

「退萎」とは器官の発育が不完全で、持ち前の機能を働かし得ぬもの、あるいはただわずかにその痕跡を留めるものをいう。

「退滅」とは器官があるべきはずの位置に全くない場合、または予想の位置に痕跡を留めるような場合をいうのである。

(二十六) ある器官全部の退滅

ある退滅した器官を見付けるのは、「指隠し」という遊びの隠された指を言い当てるようなもので、尋常の組立てを心得ていなければ見当ての付けようがない。ホウレンソウには種子のできる草とできない草とがある。種子のできない花穂から一花を摘み取ってよく看ると、花の中央に雌蘂がない。どうしてここに雌蘂がないかと考えさせられる。よく調べれば雌蘂全部が退滅してしまったのであることが判定される。ある器官全部の退滅には次のようなものがある。

(1)不備花　花器のあるものがなくなっているもの。すなわち模型花と比較してある器官が欠けている場合にいう。
(2)無弁花　花冠、すなわち内花被が欠けているもの。例えばオキナグサ、カンアオイのようなものである。
(3)一輪花　単被花ともいって、無弁花と同じであるが、ただ花被が二圏あるもの。すなわち両被花に対して一輪花というのである。
(4)無被花　裸花ともいう。カタシログサ、ドクダミのように花被を全く持っていないものをいう。
(5)単性花　雄蘂または雌蘂が退滅して、その一方しかないものである。雄蘂と雌蘂とを具えておれば、それは両性花である。そして完全な雌蘂を欠いて雄蘂だけが完全に発育しているものを雄花といい、完全な雄蘂を欠いて雌蘂だけが完全に発育しているものを雌花というのである。
(6)一家花　草や木の同じ一株に雄蘂と雌蘂とが別々の花に生ずるもので、一軒の家に男と女とが棲んでいるようなものである。その家を男女同棲というように、その草木を雌雄同株と呼ぶ。例えばキュウリなどがそうである。
(7)二家花　同じ種類の草木で、一株の花には雌蘂のみ生じ、他の株の花には雄蘂のみ生ずるものをいう。例えばこちらの家には男ばかり住み、あちらの家には女ばかり棲むようなもので、その家を男女別居の家というごとく、その草木を、雌雄異株と呼ぶ。ホウレンソウ、アオキなどの花はこの好《よ》き例である。そして雄花のみ着くるものを雄本といい、雌花のみ着くるものを雌本という。

(8)雑居花　多家花ともいって、一株の花に雄蕊のみ有するもの、雌蕊のみ有するもの、雌蕊も雄蕊もともに有するものと、三種ある場合をいう。アオギリなどがそうである。

(9)中性花　雄蕊も雌蕊もともに不完全、もしくは退滅して、花被のみで花の形を保つものをいう。バイカアマチャの無蘂花、テンニンギクの舌状花などはその例である。

(10)登花　種子を生ずる花のことで、主に雌花をいう。

(11)不登花　種子を生ぜざる花のことで、主に雄花をいう。また雄蕊の葯に花粉の生ぜざる場合に不登雄蕊ということもある。

(二十七)　退滅せる花被

オキナグサ、イチリンソウ、カザグルマ等の花冠は退滅して、萼が花冠のようになっている。オミナエシ、アカネ等は萼が退滅して花冠だけ発達している。ノブキ、タカサブロウ等には萼が全くないけれども、アザミ、ニガナ等は萼が変わって花冠の周りに細い毛となっている。カタシログサ、ドクダミなどの花では花被が全くない。そしてスギナモの花は非常に小さくて拡大鏡で見る程であるが、花被は全くなくて、雄蕊もただ一個子房の上に着生している。

(二十八) 雄蕊あるいは雌蕊退滅

ホウレンソウの雌花では雄蕊がなく、それと同時に花被もなくなって小苞が花被の役目を務めている。クロモジ、コウモリカブラ等の二家花では花被の退滅は見ないが、ヤナギ類、タカトウダイ類の花では雄蕊や雌蕊の退滅と同時に花被も明らかに退滅している。ネコヤナギの雄花は雌蕊がなく、一片の小苞と二雄蕊とがあって、花被は雄蕊の基底に花被の痕跡と思われる疣《いぼ》のような小体がある。雌花は雄蕊が退滅して一雌蕊一小苞より成り、花被の痕跡と思われる小体は子房柄の基底に着いている。タカトウダイ類の花も、一雄蕊、一小苞で一雄花をなし、雌花は単に一個の雌蕊があるばかりである。

(二十九) 雄蕊及び雌蕊の退滅

ヤブデマリ、オオデマリの花には雄蕊も雌蕊もともに完全な発育をしないのがあり、ヒマワリの舌状花も雄蕊と雌蕊とを持っていない。このように雄蕊、雌蕊とがともに退滅した花を中性花という。また雄花のように不登花ということもある。ニワザクラ、クチナシ等の八重咲きの花も中性花となり、その他培養せる園芸品の八重咲のものに中性花は多くある。ギンバイソウ、ヤブデマリ、テンニンギク等の中性花を見ると、一個のごとく集団せる多数の花を、いっそう目立つようにする役目を持っているものと思われる。

(三十) 正規的互生法の中絶

ブドウ、クロウメモドキ等の花では花弁に雄蘂が対生している。同数端正の花に於いては正規として萼片に花弁が互生し、花弁に雄蘂が互生し、雄蘂に雌蘂が互生しているはずであるのに、このブドウでは萼片は不分明であるが、雄蘂は明らかに花弁に対生し、雌蘂の子房を検《しら》べるとその各室、すなわち心皮の位置は雄蘂に対しておる。これは正規的な互生法が中絶して対生となったのである。花の構成を知るには、こういう細かい点まで見逃してはならないもので、この変態を説明するにはなお幾多の実証を挙げる必要がある。仮説によれば雄蘂の第一列が退滅して、第二列のものがそのまま前に進み花弁に対生するようになったものといい、また花弁の最も内側のものが倍に増して、その半分は花弁となり、その半分はこれに対生する雄蘂となって、雄蘂の第一列を表わすともいわれている。前の場合は倒置法で、後の場合は重襲法である。

(三十一) 花器の増数

シキミ、シュウメイギクなどの花被、オキナグサ、フクジュソウなどの雄蘂雌蘂は常規の数の何倍かになっている。その増し方が螺形に層を重ねたようになっているので、これを規律的増数法という。また、モクセイソウの花弁、ゼニアオイの雄蘂、イシモチソウの花柱などはありうべき数以上に増している。これらは一つの花弁や雄蘂や花柱が幾つにも分かれたもので分枝倍数法というのである。

（三十二）局外生長

センノウの花弁にある舌のような形をした小片や、トケイソウの花冠の内部にある紫色蛇の目を呈する細片のごときは花冕《かべん》と呼ばれているが、それは花弁や花床の局外生長によってできたものである。

（三十三）花床の諸相

花床の普通の形はベンケイソウなどのように、花梗の頂端が少し膨らみ頭のように圧縮していて、種々の花器が着く場席である。ところがモクレン、コブシなどは雄蘂と雌蘂がその数を増しているために、その座席に要するだけ、花床が特に延長している。またオランダイチゴ、ノイバラなどは雌蘂だけ特に多数の座席に要するので、オランダイチゴは凸起し、ノイバラは凹陥して花床の面積を拡げている。変形した花床の中でもハスの花は珍しい。独楽形をした花床は、その平坦な頭部に十数個の小穴があって、その中に一個ずつ雌蘂をもっている。これが果実となった時には特に異彩を放って蜂の巣を倒《さかさ》にしたような形となり、一個一個の果実は蜂の蛹《さなぎ》のごとくに思われる。またフウチョウソウの花は、花冠と雄蘂との間に一本の支柱を出して、その先に雄蘂を着けている。これは花床を形造る節間の一つが特に延長したものと見られる。マンテマの花床は萼と花冠との節間が延びているし、フウロソウの花床は中軸のように変形して、それに五個の雄蘂が着生して一体のようになっている。また花床はヘンルウダやクロウメモドキのごとく腺状の花盤に変ずることもある。そして花の時はその変形がさほど目立たなくて、果実になってから著しく目立つものがたくさんある。ナシ、リンゴの多肉の部分や、ザクロの果皮と思われる美しい部分はみな花床の変形物で、その果実はこれに包まれ、それに合体している。

(三十四) 風 媒 花

三、四月頃のよく晴れた日に、杉森から黄色い煙のようなものが吹き出すことがある。これは杉の花粉であって、もし試みにその一枝を折り取って振ると、黄色の細粉が飛び散るのを見ることができる。また八月頃アサの雄本に注意をすれば、晴れた日中に煙のように花粉の飛び散るのが見られる。この風によって花粉が運ばれるものは他にもたくさんあって、タケ、ムギ、ススキ、オギ、オオバコ、イラクサ、ヤブマオ、カヤツリグサ、ハンノキ、アカマツ、イチョウ等はみなその仲間である。これらの花は一般に多数集合していて、立派な花冠を欠き、香気も甜《あま》い液もない。そして花糸は細長く花の外に抽《ひ》き出て、花粉は滑らかで粘り気がなく、さらさらとして軽く、比較的多量にある。また花柱は羽毛のような形をしたものが多く、柱頭が刷毛《はけ》のように、細かく裂けているものもある。これらは風媒花といわれるもので、両性花もあるが、単性花なのが多い。風媒花の葯は空気が乾けばよく開き、湿れば開かぬのが普通である。また雌蘂の柱頭や花柱は空気が乾けば充分に拡がって湿りを帯びるのが普通である。これは飛んでくる花粉を捕えるのに都合のよい仕掛けである。

(三十五) 虫媒花

アブラナの花盛りの時に多数の蝶や虻の類が花に寄り集まって飛び交うのを見る。またレンゲソウの花にはよく蜜蜂が後脚に花粉を付けているのを見受けるし、オニユリの花にはアゲハノチョウがその細長い吻《ふん》を差し入れて、甜い液を吸いながら翅《はね》を振っていることがある。そしてこれらの蜜蜂やアゲハノチョウは一つの花にばかりいるのでなく、甲の花から乙の花へ、乙の花から丙の花へ転々として花から花へ移り、蜜を吸ったり、花粉を集めたりしている。この時に甲の花粉は乙の柱頭に運ばれて、乙の実を結ぶのを助けるのである。蜜蜂が花を尋ねまわる時にはたいてい同じ種類の花ばかりに行くので、甲の花粉を乙の柱頭が受け入れるには、蜜蜂などはもっとも都合のよい運搬者である。かように虫という媒介者によって、受精作用をなし、種子を生じ得る花を虫媒花といっている。虫媒花は一般に萼や花冠すなわち花被が立派で、美しい色を帯び、また花に特殊な匂いがあり、甜い液を分泌するもので、花粉も、粘り気があったり、種々の突起があって、虫の体に着きやすくなっていたりする。それに、柱頭には粘液があって、花粉を着けるのに都合よくなっているものである。であるから花粉を具合よく運んでくれる適当な虫がいない場合には種子を生ずることができないこともある。虫の習性や形状は種々さまざまで、それらの虫によって受精の便を得、種子を生じて蕃殖する草木の花、すなわち虫媒花の形状、色彩、分泌物等も実に千姿万態である。けだし虫と花との関係は極めて興味あるものである。

(三十六) 異花授粉

風媒花や虫媒花は、一つの花の中に雄蘂と雌蘂とを完全に具えている両性花にもあることで、自花の花粉を他花の柱頭に授け、自花の柱頭には他花の花粉を受けるのである。二家花に於ける雄本の花は、花粉を授けるだけで自体には種子を生ずる働きがない。けだし異花授粉としてはもっとも徹底したもので、自花授粉の恐れがない。このように受精作用には全く別な花の花粉を受けることが必要なのである。ところが、スミレ、ホトケノザ、ミヤマカタバミなどの花は閉鎖花といって自花授粉を行って種子を生ずるのである。これは両性花としてまことに消極的である。両性花の積極的活動は異花授粉を完全に行うことで、一つの花に於いて雄蘂と雌蘂との成熟する時を異にするもそのためである。

(三十七) 雌蘂先熟

ウメの蕾がほころびかけた時に、淡緑色の粘り気ある小体がその綻《ほころ》び口から少し現われている。これは雌蘂の柱頭で、この時はもう花粉を受けるのに適当なだけ、ほどよく成熟しているのである。綻びかけた蕾というよりは開きかけた花という方がよいかもしれない。わずかばかり花冠の締まりがゆるんで口を開け、その口から柱頭が突き出たものである。この時は花の香は特によい。試みにその花弁を取り除いてみると、雄蘂はすべて内の方へ屈して、葯は一つも裂けておらぬ。まだ成熟していないのである。すなわちこの花では雄蘂よりも雌蘂の方が先に成熟して、自花の葯が開かない中に他花の花粉を受けて種子を生じようとしているのである。そこへ蜜蜂やその他の昆虫が他の早咲の老いた花を訪れて、その花粉を体につけてこの若い花を訪れ、その柱頭に花粉を着けるのである。ウメの花がよく開いた時には雌蘂はもはや自己の任務を果たして、花柱は気力を失っている。が雄蘂はこの時が全盛で、葯は花粉を吐き出し、花底には甜液を分泌し、花冠はもっとも目立ち、種々の昆虫は喜んで集まってきて花から花へと飛びまわっている。そしてその甜液を嘗めながら花粉を身に付けて飛び去るのである。オオイナノウスツボ、イチヤクソウ、カエデ、トサミズキなどの花も雌蘂先熟によって他花授粉を行うのである。

雌蘂先熟は風媒花にも多数ある。ニワホコリ、ドジョウツナギ、カゼグサ、カヤツリグサ等はみなそうであるが、もっとも手近な実例はオオバコである。オオバコの花は小さく長さ五ミリメートルくらいで、多数が穂をなして着いている。萼は四片緑色、花冠は薄くて鐘のような形をし、花口が四片に浅く裂け、雄蘂は四本で細長い花糸の先端にぶらぶら揺れやすい二胞の葯が着いている。雌蘂は一個で花柱には細い毛がいっぱいにあって、柱頭と区別がつかない。そして花は穂の下から順次に上へ咲き進み、花口がまだ開かない時でも、花柱だけ花口の外へ突き出て、みずみずしい細毛を張り拡げて花粉を受ける能力があることを示している。雌蘂が風によって授精作用を遂げ、花柱が衰える頃に、花冠の裂片は正しく平開し、四本の雄蘂は口外に長く突き出るのである。花粉は極めて微細で粘り気なく散りやすい。このようにしてオオバコは自花授粉を行うことなく必ず他花授粉を行うて種子を生ぜしむることができるのである。

(三十八) 雄蘂先熟

吾々はヒギリの花に於いて自花授粉を避ける巧妙な動作を見ることができる。ヒギリは盆栽にする観賞用の灌木で、花は円錐状聚繖花叢となり、小苞も小花梗も萼も花冠も雄蘂も雌蘂もすべてが緋紅色を呈するので衆目を惹《ひ》いている。萼も花冠も五裂、雄蘂は四本、花糸は細長く花冠の外に抽き出て、雌蘂は一本、花柱は細長くこれまた花外に抽き出ている。そして若い花に於いては雄蘂は成熟して葯から花粉を吐き、雌蘂は未熟で花の下に垂れ屈して後方に向いている。老花に於いてはこれと反対に四本の雄蕊が花の下に垂れ後方に屈し、雌蕊が勢力を得て細長い花柱は花面の外に突き出て、その頂端は二つに浅く裂けて柱頭を現わしている。すなわち先熟なる雄蕊が花粉を散らして凋《しぼ》むようになってから、雌蕊が頭を擡げて他花の花粉を受けることになるのである。サギソウの雄蕊と雌蕊との関係はほぼヒギリに似ている。

マツヨイグサやツキミソウは花の寿命がわずか一夜と翌日の半日くらいしかないので、その雄蕊先熟も目立たない。開いたばかりの花を見ると雌蕊の柱頭はまだ拡がっておらず、雄蕊の葯からは盛んに花粉を出している。そしてマツヨイグサでは花糸よりも花柱の方が長い。いずれにしても柱頭が四裂し張開するのは葯胞の開裂よりも後のことで、チョウスズメやユウガオベットウのごとき蛾類が甜い液を吸いに花を訪れる際には、他の花より着けてきた花粉をその柱頭に塗り着けるのである。

キキョウの雄蕊先熟も一風変わっている。この花の新しく開いたものを見れば、中央に白色の粉をつけた棒状のものが突き立っているだけで、雄蕊と雌蕊が一つになっているように思われるが、精細に看れば五本の雄蕊が未熟の花柱を囲んで直立し、盛んに花粉を吐き出しているのである。葯が花粉を吐きつくせば花糸も凋《しぼ》んで五つの雄蕊は花冠の底部に縮み込み、明らかに花糸が五本あったことを表わす。雌蕊の花柱はそれと同時に伸びて、その頂末は五裂し、柱頭を開いて他の花粉を受けるのである。

ヒマワリの頭花の周囲を飾る舌状花はすべて中性で雄蕊も雌蕊も退萎してその用をなさない。筒状花だけが両性を完全に具えてよく実を結ぶのである。筒状花は花冠が長いコップの形をし、子房の上端に着き、花口は五つに浅く裂けている。五雄蕊の葯は隣のものと合着して管状を示し花柱を囲んでいる。その葯胞は内方に向かって開裂し花粉を吐き、自働的にその花粉を散らすことなく、花柱が伸びて葯管の外に抽き出る時に、その花柱の頂端によって抽き出されるのである。この時の花柱はまだ受精せず、充分に伸びた後にその頂部が縦に二裂して巻き返し、その裂け目の新鮮な面が柱頭の働きをするのである。巧みに自花授粉を避けている。ヒマワリの頭花は壮大なもので直径二十センチメートル以上のものも少なくない。小花の数も実に多く、花の集団としてももっとも発達したものである。こういうように花がぎっしり集まっていれば隣花授粉が容易に行われるはずで、花の甜液や花粉を求めて飛んでくる昆虫も一ヶ所に落ち着いていて、お互いに十分その目的を達することができるのである。またノアザミの花にハナムグリという小さな甲虫のいることがあるが、それは甜液を吸いながら悠々とノアザミの頭花を掻き廻し、花柱に押し出した花粉を他の柱頭に移しているのである。

ウメバチソウも雄蕊先熟で、一茎一花、花は端正等勢で、萼は五裂、この裂片に互生して円頭白色の五花弁があり、花弁に対生して団扇《うちわ》の骨のごとく細裂する仮の雄蕊があり、この仮雄蕊に互生して五雄蕊がある。雌蕊は一個で子房は比較的大きい。花柱は短縮してほとんどなくなり、柱頭は四裂している。雄蘂が花粉を散らしてしまった後に、柱頭が開くので、仮雄蘂は依然としてあたかも真の雄蘂のごとく見せかけ、昆虫を誘導する。一茎一花の雄蘂先熟はその花の構造は両性花として完全なものであっても、その機能は二家花と少しも違わない。

(三十九) 蝶形花

フジの花のような蝶形花は虫媒花であるが、その雌雄蘂は同時に成熟して、しかもほとんど同長であるので、虫によって他花授粉を行う余地がないではないかと疑われるくらいである。けれどもよく看ると柱頭のすぐ下に茸々と短い毛が並んでいて、自花の花粉が自花の柱頭に着くのを妨げ、虫がもたらす他花の花粉を真っ先に受け入れるに都合よくなっている。ハナエンジュ、インゲンマメなども柱頭の下部にこれに似た短毛列があって、やや同じ働きをする。

このように一花の雌雄両蘂がほとんど同時に成熟するものを「両蘂同熟」といい、両蘂の形や長さが同一なものを「両蘂同相花」という。また、ヒマワリのように舌状花と筒状花とそのおのおのの両蘂の形が異なれるものは「両蘂異相花」といい、同種の花に於いて、その花被の形状が舌状と筒状とのごとく別な形をしているものを「二形式花」というのである。蝶形花は一般に両蘂倶熟で両蘂同相でしかも他花授粉を行っているから、花の形にはいろいろな特徴がある。

アヤメ、ノハナショウブ、カキツバタ等の花では、雄蘂と雌蘂は同時に成熟するのであるが、迂闊《うかつ》な人の眼には入らない。花柱が花弁のように美しくて、雄蘂はその蔭に隠れておるからである。外花蓋すなわち普通の花に於ける萼は、その基が癒合して鈍三稜の筒形をなし、内花蓋すなわち普通の花に於ける花冠は、その基が花糸の基と合体している。これらの花蓋は明らかに内外二層に区別され、外花蓋の三片は闊《ひろ》く大きく花面は垂れている。そして、花爪は直上して雄蘂が対生し、さらに花柱の分かれた枝が向き合っている。内花蓋三片は外花蓋片と互生して直立し、その幅がはるかに狭い。雄蘂三本は花弁様の花柱枝の蔭にあって、各外花蓋片に対生し、葯二胞は外向きすなわち花蓋の方を向いて縦に開裂し、花粉を吐く。雌蘂は一個、子房は下位で三室をなし、花柱は三裂して三枚の花弁様花柱枝を成し、少し外の方に反り、その頂末が、小さい唇のような形をして裂け、外向きの柱頭となる。昆虫がこれらの花を訪れた時は、まず外花蓋を足場として翅を休め、その折に他花よりもたらした花粉を唇形の柱頭に擦り落とす。そして花底に頭を差し入れ甜液を吸い、また新しい花粉を身に着けて、そのまま次の花へ飛んでいくのである。

(四十) 花粉塊の運送

シラン、サワラン、サギソウ等のラン類、およびトウワタ、ガガイモ、イケマ等の花は、その花粉が粉でなく、葯胞内にある全部が一つまたは二つの塊となり、やたらに散らない。粉状の花粉が柱頭に達するのは散弾をもって鉄砲を撃つようなもので、多数の弾丸の中には的中するものがあるというようなものである。また塊状の花粉が柱頭に達するのは、一つの弾丸で狙い撃ちするようなもので、中《あた》れば極めて有効であるが、外れると丸損になる。

ラン類の花は雄蘂と雌蘂とが合体していて、花器の組立てが一般に解りにくい。サギソウの花蓋は二層あって、外花蓋三片、内花蓋三片、その一片だけ特に大きく、牌弁と呼ばれている。牌弁は昆虫の来たとき体の足場になるもので、その基底に甜液を貯えた細長い袋がある。不思議なのは雄蘂も雌蘂もはっきりと解らないで、牌弁に相対して一個の三角状突起があり、その頂部に二個の花粉塊を蔵している。そしてこの突起物の内側は粘着性の壁となり、柱頭の役をも務めている。すなわち花粉塊を有する点から見れば雄蘂で、柱頭のある点から考えれば雌蘂のようである。これは他花のにないことで蘂柱と呼ぶものである。この蘂柱は雌雄両蘂が着生合体して、はなはだしく形を変じたものと謂《い》える。クマガイソウの蘂柱には冠飾状の附属物があって、花粉塊はその下部側面にある。この附属物は外輪層の一雄蘂が仮雄蘂として残り、内輪層の二雄蘂が残って、各々花粉塊を形成しているものと考えられる。タカネサギソウの花は黄緑色で花蓋片前面の三枚は立って両蘂柱を護り、牌弁は長く垂れ下がり、その基に細長い袋が下に伸びている。その袋の孔は両蘂柱の底部にあって、その孔の両側の花蓋片は開いている。両蘂柱は三角形の突起体をなし、内側の凹んだところは柱頭で粘っており、その左右は縦に裂け目があってそこに花粉塊が一つずつ埋まっている。花粉塊には小柄があって、柄の先に粘り気のある円盤が着いている。それが甜液を貯える袋の孔に当たって向かい合いながら外に現れている。そして昆虫が髀弁を足場にして甜液を吸うために、頭を孔口の方へ差し向ければ、必ずこの粘着性の小円盤に触れ、かつ、三角形突起の内面すなわち柱頭にも触れるのである。昆虫が甜液を吸い終わってここを去る時には、小円盤は昆虫の頭部に粘着し、花粉塊の小柄は丈夫であるから、結局その昆虫は花粉塊を両蘂柱の裂け目から引き抜いていくことになる。花粉塊の小柄は最初強直であるが、すぐ乾いて垂れ下がる。昆虫はこの垂れ下がった花粉塊を頭部に着けて、平気で次の花へ行き甜液の袋をのぞく。その折に前の花から着けてきた花粉塊は、その花の柱頭に触れ、粘着して昆虫の頭部から離れる。そしてその花粉塊が頭部から離れきらぬ場合には、花粉塊が壊れて一部分がその柱頭に残り、他は次から次の花へと運ばれるのである。この花粉塊はまたさらに小花粉塊に分かれ得るので、その小花粉塊は弾力性の糸で括り集めたようになっている。トウワタ、ガガイモ、イケマ等の花粉塊運送のありさまは、ラン類と少し趣を異にしているが大体似ている。

(四十一) 両蘂異相の二形式花

ツルアリドオシの花は必ず二花ずつ枝の先に着いている。そして隣合わせの子房部はほとんど合体し双生の状をしている。子房は下位で萼は四裂し緑色、花冠は合弁で小さな漏斗形をなし、花面は四裂して白色で愛らしいものである。雄蘂は花冠筒に着生し、その裂片と互生して四本ある。雌蘂は一個、花柱一、柱頭は四裂している。そして妙なことには長い花柱を有する花を着くる草と短い花柱を有する花を着くる草とは全く株が別で、長い花柱を有する花は必ず短い花糸の雄蘂を具え、短い花柱を有する花は必ず長い花糸の雄蘂を具うるのである。長い花柱は花冠筒の外に抽き出し、短い花糸の雄蘂は花冠筒の内にある。それゆえ一見すると雌花のように思われる。また長い雄蘂は四本揃って花冠筒の外に現れるが、短い花柱は花冠筒の内にあって、これは雄花のように思われる。ツルアリドオシを迂闊に見れば雌雄別株すなわち二家花を着くるものと勘違いをするであろう。そして他花授粉を昆虫によって行うには、長雄蘂の花粉が長花柱の柱頭に運ばれ、短雄蘂の花粉は短花柱の柱頭に具合よく運ばれるのである。これらは両性花であって二家花のごとき働きをなし、二家のような働きをしながらいずれにも種子を生ずるのである。このような関係をもつ花は他にもいくらもある。花を知るにはいろいろの株のものを採ってよく視ないと十分な判断ができないものである。

(四十二) 両蘂異相の三形式花

エゾミソハギの花は両性花であるが、その雌蘂は株によって長さに三段の別がある。そして雄蘂も同じく三段の長さに別れているが、一つの花に必ず長短二種の雄蘂圏をもっている。すなわち、甲の株には最長の雌蘂を有する花を着け、乙の株には中位の雌蘂を有する花を着け、丙の株には最短の雌蘂を有する花を着ける。しかして甲株の最長雌蘂には五、六本の最短雄蘂と同数の中位雄蘂とを有し、乙株の中位雌蘂花には最短雄蘂と最長雄蘂とを五、六本ずつ、丙株の最短雌蘂花には最長雄蘂と中位雄蘂とを五、六本ずつ有するのである。蕚や花弁や雄蘂の数は甲乙丙の株ともすべての花が同じである。そして雄蘂の花糸の長短、雌蘂の花柱の長短ばかりでなく、花粉は大小、緑色、黄色の差があり、柱頭には大小の差がある。しかもこれらの相違は花によって一定していて、他の草花に較べて趣が大いに異なり面白く感ずるのである。次に表を示す。

	雌蘂の長短	雄蘂の長短		
甲花	長		中(黄粉)	短(黄粉)
乙花	中	長(緑粉)		短(黄粉)
丙花	短	長(緑粉)	中(黄粉)	

そして最長雄蘂の花粉は大きく、最長雌蘂にのみ適合して、他の柱頭に着いても発育しない。これに反して最短および中位雄蘂の花粉は小さく最長雌蘂には適合しない。またそ

の長短が昆虫の体に接触する位置によって、巧みに異花授粉を行っているのであるが、丙花に於いては異花授粉とともに自花授粉が行われているかと想像される点もある。

(四十三) 閉鎖花

スミレの花は二形式で、一の形式は春早く紫色の美しい花冠を着けるもの、他の形式は貧弱な蕾のような形をして蒼白く小さな花で、前のものより遅く生ずる。美しい方はスミレの花として知られているが、蒼白い方は蕾と思い違いをされるものである。美しい方はまっすぐ上へ伸びるのに、蒼白色の花は花梗が曲がっていて下向きになり、決して美しい花弁を現わすことがない。そして美しい方は果実を結ぶことがないのに、蒼白い蕾のような花はよく果実を結び、花梗はその果実が成熟するに従って上へまっすぐになり、実は上向きに裂ける。この実を結ぶ蕾のような蒼白い花は、萼が閉じたまま開かず、その中に雄蘂雌蘂とが十分に発育し、自花授粉を行って果実を生ずるのである。こういう花を閉鎖花という。閉鎖花は風媒花もあるが、虫媒花に多い。花冠は退滅し、雄蘂は数を減じ、花粉もその量が少ない。そして葯は柱頭をおおうような位置にあり、花には甜液も匂いもない。そして萼にぴったり閉じ込められているから、他の花の花粉を運び込まれることもないのである。閉鎖花はミヤマカタバミ、ホトケノザ、その他の花にも生ずる。

(四十四) 花被の寿命

「露の干ぬ間の朝顔」といい、「槿花《きんか》一朝の栄《えい》」というのはアサガオやムクゲの花冠の凋《しぼ》みやすいのを言ったもので、萼や花冠にも定まった寿命がある。

ホオズキ、シソ、カキ等の萼は宿存性で、その萼は蕾の時は他の花器を護り、果実が成熟するまでも凋まずに着いている。またイシモチソウ等の花冠は凋遺性で、凋んでも散らずに残っている。サクラの花弁、アブラナ、オダマキの萼片と花弁は謝落性で実を結ぶ前に散ってしまう。ケシの萼片、マツバニンジンの花弁などは花が咲くと同時に散ってしまい、アサガオ、マツヨイグサ等の花冠は一日間も待たないで萎《しぼ》んでしまう、こういうものも早落性というのである。

(四十五) 離弁花と合弁花

離弁花は本来はウメ、サクラ、アブラナの花のように花弁が一片一片明らかに分かれているものをいうのであるが、ツバキ、ムクゲ、ブドウの花冠のように元や先で合着するものも含んでいる。合弁花は本来はアサガオ、ヒルガオ、ナスビ、キキョウの花のように花冠が全く合着して一体となれるものをいうのであるが、ツマトリソウの花冠のように深く裂けているものも含んでいる。この区別は吾々が便宜のために設けたもので、中間のものもできるわけである。

(四十六)　花爪と花面とが明らかに区別される花弁

アブラナ、ナデシコ、センノウ等の花では、花弁が萼の内に隠れている部分は狭くなり、萼の外に出て開いている部分は広く大きくなっている。その狭い部分を花爪《かそう》といい、広い部分を花面というのである。そして花爪だけが合着したように考えられる場合それを花筒といい、花冠の筒部ともいう萼筒もまた同様に考えられる。花面の合着には種々の程度があって、その部分を縁辺と称し、クサキョウチクトウの花冠は縁辺五全裂と呼び、ルコウソウの花冠は縁辺五浅裂と呼ぶ。合弁花冠にて筒部と縁辺との境が明らかな場合にはその部分を花喉《かこう》といい、花喉には花冕《かべん》が着いていることもある。合弁花の花冕に相当するものが離弁花のセンノウにも花爪と花面との境にある。またこれをカラスムギの葉鞘と葉面との境にある小舌状片と比較して考えれば興味がある。

(四十七)　萼や花冠の種々相

萼や花冠をよく看ると一々異なる点があるが、おおよその形によって大別すれば次のようである。

(イ)　蝶形花　前に説明したごとくエンドウ、フジなどの花冠は蝶の飛べる形に似て、一枚の旗弁、一対の翼弁、一対の竜骨弁を具え、変わった形をしている。
（ロ）石竹様花　ナデシコ、トコナツ、カラナデシコのように、端正で長い花爪を有する五枚の花弁を具え、萼は筒形を成して花爪を包み、花面は外に開いて大きい。
（ハ）十字花　アブラナ、ダイコン等のように四枚の花弁が正しく向かい合って、上から見ると十字形をしている。
（ニ）薔薇様花　花爪の短い端正花で離生する五枚の花弁が広く開出して、花面は丸みを帯びているもの。
（ホ）百合様花　六枚の花蓋が鐘形、または漏斗《ろうと》形をしているもの。オニユリのように離生の花蓋とスズランのように合生の花蓋とがある。
（ヘ）蘭様花　シラン、クマガイソウ等のラン類の花のように、花蓋が偏形をなすもので、蘂柱の前にある一片は他の花蓋片と異なれる形をし、これを牌弁という。
（ト）兜状花　トリカブトのように花冠の上部の一片が西洋の兜に似ているものをいう。
（チ）舌状花　タンポポ、ヒマワリ等の花に見るもので数片の花弁が合生して一枚のようになり、その基脚が多少筒形をしているもの。
（リ）唇形花　オドリコソウ、アキギリなどの花冠は上下の唇のように見える。上唇は二花弁の合成で、下唇は三花弁の合成したものである。
（ヌ）開口様花　唇形花冠の上下の両唇が大欠伸《おおあくび》をしたような形のもの。オドリコソウの花冠はその一例である。
(ル)仮面様冠　唇形花冠の下唇が喉部に於いて高くなり多少喉部を塞《ふさ》ぐもの。キンギョソウ、ウンランの花冠はよい例である。
(ヲ)輻形花　ナス、ジャガイモの花冠のように筒部が極めて短いか、あるいはほとんどなくて、底部より広く開出した正しい合弁花をいう。
(ワ)皿形花　輻形花に似ているが、縁の方が皿形をしているもので、ウメバチソウはその例である。離弁花でもその形によってこの名をつける。
(カ)盆形花　クサキョウチクトウの花冠のように細長い花筒の上に縁片が皿形花のごとく拡がったもの。
(ヨ)筒状花　花筒がよく発達して、縁片がそれに比べて貧弱なもの。スイカズラの花はその例である。萼にも筒形はよく見られる。
(タ)漏斗様花　アサガオ、ヒルガオ等のように花冠が漏斗の形によく似ているもの。
(レ)鐘形花　ホタルブクロ、ツリガネソウ等の花冠のように、花筒が底部から緩やかに拡がって先が少し分かれて鐘形をなし、長さが広さの二倍弱ぐらいのものをいう。

(四十八)　花糸の形状

花糸は一般に葯を支える細い柄のごとく謂《い》われている。けれども種々の花についてこれを看るとさまざまな形のものがある。例えばオニユリの花糸は針形、ロウバイの花糸は獣の角形、ヒツジグサの花糸は線形あるいは花弁様、ミズアオイの花は前面に特に大きい一雄蘂があって、その花糸には獣の角形をした附属物が叉字状に着いている。ノビルの花糸には他に類のないほど複雑な附属物があって卵形の壺の中には甜液を貯え、その壺の内から獣角状突起が出ている。ムラサキツユクサ、センブリ等の花糸にはすぐ解るほどの毛が密生している。雄蘂に於いて葯は大切な部分であるが、花糸は授粉に差支えなければなくてもよいくらいのもので、タイミンタチバナ、シバナなどの雄蘂には花糸が見えない。

(四十九) 葯の話

バショウ、シュウカイドウなどの葯は花糸の一部が葯になったような形をなし、オニユリ、イネ、ツバキなどの葯は花糸と全く別な形をして、花糸の頂端に葯が着いていると言いたくなる。葯は雄蘂の主要な部分で、雄蘂が花に於いて重要なものであることは言うまでもない。葯は花粉の製造元で、花粉が成熟すれば開花を促し、葯が裂けて花粉を吐き出す。花粉が出なければ種子が実らないから一大事である。葯の外観によれば、普通二個の葯胞をもつが、内観によれば組織の発達上、花粉は四個の花粉母細胞によって生じ、四個の花粉嚢を造り、二個ずつ一つの葯胞の形を成し、その二葯胞は密接したり間隔を有したりする。リンドウ、ヒルガオ等の葯は花糸の頂端に着生して、二葯胞が密接し、フクジュソウ、モクレン等の葯は花糸の一部が葯胞の間にはさまれている。この部分を葯隔という。葯には葯隔が明らかに現われているものと分明しないものとがある。

(イ) 葯の開裂は縦一杯の裂け目によるものが普通であるが、だいたい次のような開き方がある。

(1) 孔裂　ヤマツツジ、ナスのように葯の上端に孔が開いて花粉を吐き出す。そしてツルコケモモの葯では、この孔の部分が管のように伸びている。

(2) 片裂　メギ、クロモジ等の葯では両側に一枚ずつの戸のような弁片が垂れていて、これが巻き上がるとその窓のような孔から花粉を散らすのである。クス、タブノキ等は両側に二枚ずつの弁片があって、孔も二つずつ開くのである。

(3) 縫線開裂　アヤメ、オニユリの葯のように一定の裂け目があって、成熟すれば袋の縫い合わせ目が綻びるように開いて花粉を完全に散らすのである。ウメ、ナデシコ等の葯はその裂け目が横向きになり、アヤメ、キキョウ等は花の外向き、ヒマワリなどは内向きに、ゼニアオイは上向きになっている。

(ロ) 葯と花糸との着き具合にもいろいろある。ハス、モクレン、ウマノアシガタ、クス等は葯の底部に花糸の頂末が連なっている。これを底着といい、アヤメ、キキョウ、フタバアオイ等の葯はその全長が花糸に沿うて側面あるいは背面で着生している。これを側着という。また、オニユリ、オオムギ、オオバコ、マツヨイグサ等の葯はその背部もしくは前面の一点に於いて花糸の頂端と連結し、揺れやすいようになっている。これを十字着という。

(ハ) 葯の向き方　底着のもので明らかに横向きのものを別として、外向葯と内向葯との二大別がある。外向葯はモクレン、アヤメ、キキョウ、フタバアオイ等に見る。その葯は側着で、外向きすなわち花被の方を向いている。内向葯はタンポポ、ヒマワリ、スミレ、ヒツジグサ等に見られて、その葯は花の内側すなわち中心に向かって側着している。なおこの他に、花糸の内面に葯が倚りかかっているような着き方をした内倚葯とか、いろいろある。

(ニ) 葯胞の数　葯胞は普通二個で、葯隔の左右に並んでいる。しかし、この一つ一つの葯胞は初めは二つずつの花粉嚢に分かれていて、成熟するに従い、その花粉嚢の間の隔膜がなくなって、一つの葯胞となったのである。オニユリ、アブラナ等はその例である。もしこの花粉嚢の隔膜がいつまでも残っておれば、葯胞は四個あることになる。コウモリカズラの葯に葯胞が四個あるのはその例である。また一葯胞のものもある。ゼニアオイの葯は背面で合着し、開裂する縦線も一つで、一葯胞のごとく見え、ベニバナサルビヤの葯は二葯が離ればなれになって、その一葯胞が完全に発育したのである。すなわち葯胞の数には、一個、二個、四個と種々のものがある。

(ホ) 花粉　花粉は非常に小さいもので、百五、六十粒を一直線に並べて一ミリメートルになるのはやや大きい方である。だから花粉の形状を看るのは二百倍以上の顕微鏡を使わなければならない。このように極めて微細なものであるけれども、花にとってもっとも重要なもので、花粉に関する知識はもっと進めたいものである。

（1）花粉の造成　花粉は葯の中に包蔵されているものであるが、それが生ずる初めは、葯ができるとき葯を組織している特殊の細胞が花粉母細胞となって二分裂を繰り返し、その組織はだんだん変化して花粉の造成を助ける。こうして一個の花粉母細胞は分裂を重ねてついに花粉嚢を充たすほどの花粉粒となるのである。葯胞が初め四つの小胞に分かれているのは、初めに花粉母細胞が四個あったからである。

（2）花粉粒の形状　花粉は一般に球形で、表面には種々の突起や模様がある。例えばオニユリの花粉粒は楕円形をなし、キクニガナの花粉粒はやや十四面体をなし、タニタデのものは三角体の粽形《ちまきがた》をなし、オオマツヨイグサのものは三角の糸巻形をなし細い糸のようなものが絡まっている。ムクゲのものは球体の面に無数の刺《とげ》のような突起があり、アカマツのものはやや半月体の両端に丸い空気嚢を着けている。

花粉粒は普通二層の皮膜に包まれているが、外皮は内膜の分泌によるものである。内膜は薄いけれど比較的強靭で、外皮には種々の突起や模様がある。しかし例外もあって、アマモの花粉粒の皮膜は一層である。色は一般に黄を帯び、皮膜の中は生気旺盛な原形質と細胞核とに満ち、適当な水分を得ればただちにその働きを現わすのである。

（3）花粉管　花粉粒が萌発すれば管のような花粉管を出す。これは皮膜のある個所から突出するもので、これが具合よく柱頭の上で萌発すれば、その花粉管は向水性、背気性などの本能的作用によって柱頭の組織内に進み入り、花柱の組織内を進んで卵子に及び、胚珠に達するのである。すなわち花粉管は柱頭から胚珠に達するまで道路を開き、雄細胞はその通路を通って卵子内に送り込まれ、授精作用を遂げるのである。ただしソテツ、イチョウのように精虫によって授精作用を行うものは、これと少しく趣を異にしている。またスミレなどの閉鎖花にあっては花粉粒は葯の内で萌発し、花粉管は長く伸びて自花の柱頭に達するのである。

（五十）雌性器官

ウメ、イネなどの花に於ける雌蘂は子房の中に卵子を蔵し、花粉によって授精作用が行われ、卵子が受胎して種子となる時には、子房は果実となるものである。またアカマツ、ソテツ等に於いては子房がなく卵子が裸出しているので、アカマツやソテツの実と呼ばれているものと、ウメ、イネなどの実とは大いに異なる点がある。そして卵子や子房を雌性器官、あるいは略して雌器ともいう。雌器を大別すれば前に述べたウメ、イネのように卵子が子房の中に生ずる被子類と、アカマツ、ソテツのように卵子が裸出する裸子類との二つになる。被子類の雌性器官は雌蘂のことをいうのである。

（甲）雌蘂　ウシハコベの葉を縦に袋を作るような形にして、両縁を少し内方に丸め込みながら毛抜合わせに全部合わせると上が尖って下が膨らんで神酒徳利《みきどくり》のような形になる。そしてこの形をサバノオの雄蘂に比べてみると、大小の差こそあれ、そのでき具合がはなはだ似ていることに気がつく。サバノオの花は雌蘂が二本あって、その一つをよく看ると、卵形の単葉を縦に丸めて造った管に似ている。そして下部の膨らんだところを横切りにして内部を見ると、ちょうど葉の両縁を丸め込んだと同じようなところに、卵子が二列になって着いている。これによって雌蘂は、卵子を着けている葉が、特別に変わった形をなしたものと考えることができるのである。この考えを正しいものとして雌蘂の構造を見ると、どんなに込み入ったものでもよく解るのである。そして、種子となるべき卵子を着けている葉を特に「心皮」と呼び、サバノオの雌蘂は一心皮、すなわち卵子を着くる一枚の葉からできているのである。一花の中には一心皮だけの雌蘂もあるが、二心皮ないし多心皮があることもある。それらは各分立して二個ないし数個の雌蘂を形成するものもあるが、またそれらの心皮が一部あるいは全部合着して一個の雌蘂をなすものもある。心皮は必ず花茎の頂端あるいは花の中心の位置を占めている。

一心皮を、卵子を着けた一枚の葉が両縁を内へ巻き込んで癒着したものと見れば、卵子を生ずる部分は普通の葉の両縁が癒着したところで、これを心皮の腹といい、その脊《せ》をなす部分は普通の葉の中脈に相当するものである。そしてその内面は葉の表面に相当し、外面は葉の裏面に相当するのである。心皮の花に於ける向き方は、二心皮のものにあっては必ず脊の外方すなわち花被の方に向かい、腹を花の中心に向けている。それゆえ腹の合わせ目のごとき一線を内縫線といい、脊の中脈に当たる一線を外縫線という。エンドウなどは単心皮の雌蘂であって内縫線は花軸の方に向かい、旗弁と向かい合っている。

雌蘂の主要な部分は柱頭と子房とで、柱頭は一般に心皮の尖端のところで、その部分は心皮がなく、粗大な細胞組織が裸出して、花が開いているうちは分泌物で潤い、花粉をよく受けるのである。子房は卵子を包蔵する部分で、一般に大きく膨らみ、単心皮のものならば内縫線の突起したところに卵子を着けている。卵子は特別な構造をなすもので、普通には心皮の内縫線に当たる縁の異状成長によるものであるが、種類により、あるものは一局部に生じ、あるものはその全部に生じ、あるものは上方の特殊な部分に生じ、またあるものは内方の面上に生ずるのである。

一心皮でできている雌蘂は単心皮生雌蘂といい、ウマノアシガタなどの花には多数の単心皮生雌蘂がある。また二ないし多数の心皮が合着した一雌蘂は複心皮生雌蘂といい、アブラナなどは二心皮合着の複心皮生雌蘂で、タチアオイの雌蘂は多数心皮合着の複心皮生雌蘂である。

(イ) 胎座　子房内の卵子が着いているところを胎座という。種類によって卵子は少数のものもあり、また極めて多数のものもある。そして卵子を着くる胎座にも特に発達して明瞭なものもあり、またどこを胎座と定めてよいか解らないようなものもある。しかして胎座には中軸胎座、側膜胎座、特立中央胎座等の三大別がある。

（ロ）単心皮生雌蘂　エンドウ、メギの花には、この種の雌蘂が一本あって中心の位置を占め、アケビの雌花には六本あって輪生している。オキナグサ、フクジュソウ等の花には多数あって、特に彎凸状に発達した花床の延長部に螺回状に着生している。これらの柱頭は両縁を現わしがちでとかくに等勢を欠き、内縫線上に偏っている。子房は一室なのが普通であるが、レンゲソウのように膜のようなものが背後から伸びて二室になっているものも少なくない。胎座は二列式をなすのが普通である。

（ハ）複心皮生雌蘂　ユキノシタの雌蘂は二心皮の下の半分が合体したもので、子房の上部は分離し花柱は明らかに二本になっている。ビヨウヤナギの雌蘂は三心皮の下部が合体したもので、子房は全く一体となり花柱は三本に分かれている。そしてムラサキツユクサの雌蘂は子房も花柱も一体になっているから、ただ見ただけではどんな複心皮生雌蘂か判《わか》らないが、子房を横切りにして内部を看れば三室に分かれているので、三心皮の合体したものであることが解る。ユキノシタの子房を横切りにしてその内部を看れば、明らかに二室に分かれ、ビヨウヤナギの子房横切面は三室に分かれている。これらの子房内を二室、三室に分かつ膜質のものは、子房壁の連続と見ることができる。そしてこういう雌蘂は単心皮生雌蘂の二もしくは三個が密着して、一部あるいは全部が癒合したものと考えることができる。このように多くの場合、子房室の数は癒合した心皮の数と同じであるが、しかし例外もある。

シュクコンアマの子房は五室であるが、各室はさらに不完全な膜質の隔障で分かたれ、あたかも十室のごとく見え、またアマの子房は完全に十室に分かれておる。卵子の配置を見れば、シュクコンアマの各室の中軸部に二列に並び、不完全な隔障はその列の間に割り込んでいる。アマにあっては、その偽隔障がいっそう発達したもので、五室がさらに二分され十室となって、各室の中軸部に卵子が一列をなしている。

ハコベの子房は一室で花柱は三本ある。花柱の様子から察すれば三心合皮着の雌蘂のはずであるが、子房には確かな証拠がない。卵子は子房の中央に突き出た軸に着いているので、隔障との関係も全くない。そうなった原因は次のように考えられる。三雌蘂の子房が合着して、中軸に胎座の部分だけを残し、隔障も消失して一室となり、胎座が特立したものであろうと。

(1)中軸胎座を具《そな》うる複室子房　アマ、ムラサキツユクサの子房は、隔障によって複室となり、各隔障は中央に会して中軸のようなものを造り、胎座はその中軸に発達するものをいう。

(2)側膜胎座を具うる単室子房　スミレ、リンドウ、モウセンゴケ等の雌蘂は複心皮生のものであるが、その子房は単室で、胎座は子房壁に発達している。その形は幾つかの心皮が各内縫線に於いて離れ、その縁が隣合うものと内へ巻き込んで癒着し、そこに卵子を生じたように考えられる。癒着した縁が極めて短縮しておれば、胎座はあたかも子房壁に直接生じたように見えるが、もしその縁が隔障のように発達してほとんど中心に達するほど伸びて卵子を生ずれば中軸胎座に似たものとなる。子房壁もしくは不完全な隔障に生ずる胎座を側膜胎座といい、側膜胎座を具うる子房は単室なのが普通である。アブラナなどの子房はその一例である。

（3）特立中央胎座を具うる単室子房　ハコベ、サクラソウ等の子房は単室であるが、それを横や縦に切ってみると、中央に一本の柱があって、子房の底から出て、どこも子房壁には着いておらず、特立している。そしてその柱に卵子が生じて、いわゆる中央胎座をなしている。これは側膜胎座の変態で、卵子を生ずる部分がただ底部の一小部分に限られ、その小部分が完全に癒合して、中央へ柱のごとく異状な発達をなしたものといわれている。

（乙）裸子類の花　アカマツ、スギ、イチョウ、ソテツ等のごとく卵子が裸出して、雌蘂を有しないものを裸子類という。この類では裸出する卵子を生ずる部分がすなわち雌性器官で、またある場合には雌性花となる。我が国に産する裸子類はみなそうで、単性花を着け、マツ、スギなどは一家花で、イチョウ、ソテツなどは二家花である。裸子類の花は種類によってその形状が大いに異なっているから大体の類別によって次に説明しよう。

（イ）マオウ類の花　マオウは我が国に産しないが薬用植物として有名なものである。花は二家花で、梢末に穂をなし、雄花は苞腋に生じ、基底が合着して鞘形をした一対の鱗片状花被を具え、中に花糸のようなものがあって、その頂端に二ないし八個の葯が集まって着き、葯は二胞に分かれている。雌花は小梗を有して苞腋に生じ、卵のような形をなし、底部に二層の鞘形合生苞を着け、花被は嚢のようで一個の卵子を蔵している。その様子は被子類の子房に似ているが、卵子の花粉を受けるところが全く違っている。卵子は花梗の頂端に生じ、一枚の卵皮を具え、その卵皮の頭部は管のごとく伸びて花被外に現われ、その様子も花柱に似て、花粉を受け入れる大切な役目をつとめるのである。花粉はこの管の中を通って胚珠の頂に達し、萌発して授精を遂げるのである。

（ロ）イチョウ類の花　イチョウ類は二家花である。雄花は葇荑花様をなし、多数の雄蘂を着け、雄蘂は花糸を有し二個の葯を具えている。葯は一室で縦に裂ける。雌花は苞腋から出た柄の頂端に一、二個ずつ着いている。その構造は極めて簡単で、花被はなく、発育の不完全な心皮が杯形をして基底を包む一卵子が裸出しているばかりである。卵子は丸くて一層の卵皮を具え、頂に孔がある。花粉はこの卵孔から入って胚珠の上に達し、萌発して二精虫を出し、授精を遂げるのである。

（ハ）ソテツ類の花　ソテツは二家花を生じ、雄花は雄本の茎端にたくさん集まって大きな円錐体をなしている。雄蘂は大きく扁平ではなはだ多数あり、中軸に螺旋状に着いている。葯は一室にして縦に裂け、雄蘂の裏面に三、五個ずつ集まって、いっぱいに着いている。雌花は雌本の枝の先に生じ、はなはだ大きくて直径四十センチメートル、高さ二十センチメートルを超えるものもある。形の変わった心皮が多数集団して花をなすので、非常に珍しい。心皮の末端は普通の葉のように羽裂し、卵子は心皮の両縁に数個着いている。そして楕円形をなし、卵皮は外中内の三層に分かれ、外内二層は多肉質で、中層は硬い。頂端に卵孔があって花粉はこの孔から胚珠に達し、萌発して二個の精虫を出して授精を遂げるのである。これらの心皮は花が開いている時だけ開いて、その前後は常に内面に巻き反っている。

（ニ）イチイ類の花　イチイ、カヤ、イヌマキ等の二家花はあまりに簡単で、それぞれ異なる点もあり説明がしにくい。ここにはこの類の代表としてイチイについて話をしよう。イチイの雄花は葇荑花様をなして葉先に着き、少数の鱗片が螺旋状にその基部を護っている。雄蘂は十個ぐらい中軸に着き、数個の鱗は中軸に面して生ずる。雌花は葉腋に一つずつあって、その基部に少数の鱗片が螺旋状に着き、頂端にある一個の卵子を護っている。卵子は多肉質の一枚の卵皮を具え、頂に卵孔がある。花粉はこの卵孔から入って胚珠に達し、授精を遂げるのである。

（ホ）マツ類の花　アカマツ、モミ、トウヒ、スギ、コウヤマキ等は一家花を生じ、雄花はたくさん新梢の苞腋に円錐形をして着いている。基底に少数の鱗片を具え、雄蘂は中軸に密生する。アカマツの雄蘂は下面に二胞の葯を着けている。雌花は新梢の頂末に着き、毬か円錐のような形をしている。雌花の構成についてはいろいろの異説があるけれども、ここには毬のようなものを花序とし、花は二層の鱗片と二ないし数個の卵子からできていると説いておく。その鱗片は心皮と小苞とで、小苞は外面の中央にあり、心皮は扁平で、小苞と合体して尖端だけ離れている。心皮の内面の基底に二個の卵子が生ずる。卵子は下向きに卵孔を開き、卵皮は一層である。心皮と外苞と合体しているその鱗片は開花期にのみ開いて、花粉を受けると再び閉じてしまう。花粉はある時日を経てから萌発して授精をする。

（へ）ヒノキ類の花　ヒノキ、ネズ、コノデガシワ、アスナロ等は一家花を生じ、新梢に円錐状に着く。雄花は多数の雄蘂を有し、また底部には少数の鱗片が螺旋状に着いている。雄蘂は楯形の蘂片で下面に多数の葯を生じ、葯は一胞である。雌花は多数の鱗片にその基部を護られ、少数の心皮があって花被のような形をし、各心皮の内面の底部に一ないし多数の卵子を生ずる。心皮は鱗片状をして開花授精すれば再び閉じる。卵子は上向きの卵孔をもち、受粉しても授精までにはある時日を費すものである。

（五十二）卵　子

卵子ははなはだ小さくて、一般に顧みられないけれども、これは実に花の本尊様で、もっとも大切なものである。浅草の観世音堂は十八間四面の大伽藍で立派なものであるが、あの御堂を拝んだのでは何の御利益も授からない。御内陣にあるはずの一寸八分の観世音菩薩を拝まなければ浅草の観音参りにはならないとのことである。この高さ一寸八分の尊体が、もし立像で二十五平方分の席を占めるものであるとすれば、御堂の面積は本尊の四百六十六万五千六百倍の大きさのものである。けれども、花に於いてはどんなに卵子が小さくても、開いた花冠の面積の一万分より小さなものはあるまい。この比例で見れば浅草の観世音の本尊様を拝むよりも、花の本尊様を拝む方が四百六十倍も楽なはずである。それはとにかく卵子を看るには解剖用の顕微鏡を使用するがよい。ルウペだけでは形状をよく看ることができぬ。

卵子は心皮に生じ、その中に胚ができれば種子となるものである。被子類の雌器では普通に心皮の縁に当たるところに生ずる。そしてあるものは縁に沿い、またあるものは一部分に限って直接もしくは間接に着いている。間接の場合は、心皮の縁が卵子を支持するために特に発達して胎座を形成するのである。そしてまた卵子は子房の内面から直接に生ずるものもある。裸子類にあっては卵子は心皮状鱗片の表面あるいは基底に生じ、またはソテツのように心皮状葉片の縁に生じ、あるいはまた枝梢の頂端に心皮らしいものがなく直接茎軸から生ずるものもある。卵子が着生するには柄を有するものと有しないものとがある。この柄は卵柄ともいい、後に成熟して種柄となるものである。卵子の数はただ一個だけあるものと、少数もしくは多数にあるもの等いろいろである。

(イ)子房内に於ける卵子の位置と向き方　これには次のようなものがある。

(1)直立卵子　子房の一番底のところに生じて上向きとなるもので、ソバなどはそうである。

(2)斜上生卵子　子房の底より少し上に生じ、上向きになるもので、ウマノアシガタはその例である。

(3)水平生卵子　子房内の側部に生じ、横向きになって上にも下にも傾かないもので、サバノオはその例である。

(4)傾下生卵子　子房の側部に生じ、垂れ、あるいは下向きになるもので、ナズナはその例である。

(5)懸垂生卵子　子房の頂に生じ、垂れ下がるもので、オキナグサはその例である。

(ロ)卵子の形状　卵子の一番重要な本体は胚珠である。胚珠は普通一、二枚の卵皮という被衣に包まれている。卵皮は成熟すれば種皮となるものである。卵皮は嚢のような形をして、小さな孔が開いている。この孔を卵孔というのである。卵皮が二枚ある場合には外卵皮と内卵皮とに分ける。最初に胚珠ができて、次に内卵皮が生ずるのである。卵皮は卵子の基底から生じ、胚珠と卵皮とはそのところで合わさっている。このところを合点という。卵子が卵柄に着くところを臍という。これは種子になっても同じ名で呼ばれる。ソバやハコベの卵子のように、合点と臍とが一致していることもある。ソバの卵子はまっすぐで、ハコベの卵子は曲がっている。またゼニアオイの卵子では臍が側面にあって合点から離れ、スミレの卵子ではさらに合点と臍との距離がはなはだしく、卵子の両端に離れている。かく合点と臍とが離れているものはその間が脊のようになって連なるのである。ヤドリギ、カナビキソウ等の卵子は卵皮がなくてもっとも簡単で幼稚なものとされている。卵皮がないということは胚珠の表面に皮膜がないということではない。

胚珠の皮膜と卵皮とはそのでき初めからして別なものである。卵皮のない卵子は無皮卵子といって、胚珠が裸出している。卵皮を有するものは有皮卵子という。

（ハ）卵子の種類　有皮卵子には直生、彎生、半倒生、倒生などの別がある。

（1）直生卵子　ソバ、サクラタデ、イラクサ等の卵子のように、全部直立してもっとも単純な等勢の形状をなし、合点は真底にあって卵孔はその反対の頂端にあるものをいう。

（2）彎生卵子　アブラナ、ダイコン、フウチョウソウ、モクセイソウ、カワラナデシコ、アカザ等の卵子のように、合点と臍とは卵子の底にて一致し、卵子そのものが扁形して彎曲し、腎臓のような形となり、卵孔すなわちその頂端は臍に接近しているものをいう。直生卵子と彎生卵子とはその発生状態は同じなのであるが、彎生卵子は発達するに当たって片側が他の側よりも特に大きくなり、ことに底部に於いてその差がはなはだしく、ついに彎曲するに至ったものである。
(3) 半倒生卵子　サクラソウ、エンドウ等の卵子のように卵子はまっすぐであるがその中央に臍があって、臍と卵柄とは直角になっている。そして一方の端に合点があり、他の端に卵孔がある。卵柄は外卵皮に癒着して、臍から合点まで明らかに続いている。半倒生は彎生と倒生との中間のもので、彎生に近いものや、倒生に近いものなど、その程度にはいろいろある。
(4) 倒生卵子　スハマソウ、ウメ、ナシ等の卵子のように、臍と卵孔とが極めて接近し、合点はその反対側にある。卵子はまっすぐで、卵柄は卵子の側に癒着して、全長の脊となり、臍や卵孔の正反対にある合点まで届いている。倒生卵子は種々の花に見られるもので、その発生の初めに、卵子の片側がほとんど成長せず、その反対側が思うままに発達したため、卵孔の底部に、合点はその反対の直上に形成されるのである。この卵子はほとんど等勢の発達をして軸がまっすぐであるから合点は卵孔の正反対の位置を占め、卵子の頂端を成している。

(五十二) 胚　珠

卵子の本体は柔細胞組織のもので、卵皮に護られている。この本体を胚珠というのである。ところがたいていの学者は、卵子のことを誤って胚珠と呼び、本統の胚珠のことを珠心と呼んでいる。これはぜひとも正しい方に改めなければならない。心皮を大芽胞葉と呼び、この胚珠を大芽胞嚢と呼ぶことがある。その呼び方に従えば胚珠内に発達する胚嚢を大芽胞というのである。胚嚢は胚珠内の特殊細胞の活動によって生じ、普通一個の大細胞である。この胚嚢までは無性である。有性的植物体の生殖作用は実に微妙で、胚嚢内にある雌性細胞は、花粉管内に生じた雄性細胞を迎えて、いわゆる有性生殖を遂げ、その結果新しい植物体が発生するのである。そしてこの新生植物体を胚と称し、胚は胚嚢内に生じ、胚嚢は胚珠内に生ずるのであるから、結局胚は胚珠内に発生するのである。一般には胚が成熟すれば卵子は種子となるといわれるのである。花の本来の使命は胚が生ずることによって終わったのである。

(五十三) 花　式

花の種々な部分とその組立てとは、すでに述べたようなものであって、もっとも普通にある花に倣《なら》って理想的模型花を設け、それを標準にしてさまざまの変態を会得するよりほかはないのである。花は草木の種類によってそれぞれ異なっているから、どんな花を見てもみな興味がある。そして花の種々な部分の組立て方などを記すのに、花式というものがある。花式は、花蓋もしくは花被をP、萼をK、花冠をC、雄性器官をA、雌性器官をGという符号で表わし、その数を記す時には分立しているか合生しているかを示すために、合生している場合は括弧をつけ、分立している場合には括弧をつけない。また上位子房すなわち萼の上位にある子房を有する雌器は$\underline{G}$、下位子房を有する雌器は$\overline{G}$という風に横線をつけてその区別をする。例えばオニユリの花を花式にて示せば、P6A6G(3) である。しかし花蓋と雄器とは各二圏をなすから、さらに次のように記す。P3＋3 A3＋3 G(3)。またキキョウの花は K(5)C(5)A(5)$\overline{G}$(5) と記すのである。これで、その花の組立て方が大体ではあるがよく解るのである。

さらに細かく花の組立てや諸部分の有様を表わすには花式図がある。花式図には実験花式図と理論花式図との二種がある。実験花式図はその花に現われているままを一定式の図によって記し、理論花式図は種々の比較や考慮を加味したものが記されるのである。

（五十四）果実と種

草や木が多大な精力を費して花を生ずるのは、新しい種族の後継者を産むためである。卵子の内で雌性細胞と雄性細胞とが合わさって、新生体すなわち胚を形造ることはまことに微妙な働きで、胚の発達につれて、卵子が種子となり、心皮が果実となることは、新生体を保護し、やがて新しい一植物となることを祝福する性愛の賜物と見ることができる。

第四　人生に有用な花

吾々の生活にもっとも広く深い関係のある花は何といっても観賞用のものである。そしてその次には食料、染料、および医薬料となる花である。

観賞用の花についてはあまりその種類が多過ぎて、ここには述べきれないから他の機会に述べることとして、食料、染料、医薬料にはどんなものが用いられているかをちょっとお話しよう。

キク　俗にリョウリギクともいうくらいで、頭状花を総苞とともにゆでて食用に供する。

ミョウガ　一般にミョウガノコと呼んで食用にする。

フキ　蕾の聚《あつ》まっているものをフキノトウといって食用にする。

コオリフラワ　蕾の聚まったものをハナヤサイといって食用にする。

ヤブカンゾウ　花が開き始める頃の蕾を食用にする。

染料に供する花は極めて少なく、今でも用いられているのはベニバナ、オオボウシバナの二種ぐらいである。

医薬料としては、民間薬を併せて次のようなものがある。カミルレ、ビロウドアオイ、クソニンジン、スイカズラ、オトギリソウ、ハマナシ、アカバナムシヨケギク、シロバナムシヨケギク、チョウジ。

第五　花の色

アサガオ、ハナショウブ、シャクヤク、ボタン、キク等の花は艶麗鮮美な色を現わし、その色も形もさまざまであるため人々が覚玩するのである。テンジクボタン、テンジクアオイ、ハナダンドク、トウショウブなどの花もさまざまな色彩をあらわすのである。土質も気候も、またその周囲の状態も同じであるようなところに生育する同じ種類の草木の花、あるいは一つの花でさえも、その色が種々に変わることはまことに不思議に思われる。

草木の体内には種々の化合物があって、化学的反応、その他の原因でいろいろな色を現わすものであるが、ことに花部の諸器官の細胞内にはアントチアンという物質が細胞液に溶解し、または小結晶をなして存在し、酸性に対しては赤く、アルカリ性に対しては青く、その反応色を現わすのである。花の色は主としてこのアントチアンの存在に因《よ》るものとされている。そして花の色は普通遺伝するものである。

第六　花のにおい

ジンチョウゲ、ウメ、ソケイ、コブシ、テイカカズラ、チョウジカズラ、ロウバイ、ノイバラ、マタタビ、ヤブサンザシ、タイサンボク、クチナシ、ヤマユリ、スイセン、キク、ヒイラギ、ギンモクセイ、キンモクセイ、チャ、その他外国品ではチョウジ、ヒヤシンス、フリージア、スイートピー、ニオイスミレ等の花はそれぞれ特異な匂いを放ち、姿が見えなくてもその匂いによって花のあることがわかるものである。花の匂いはその産地によって多少の違いがあるもので、キミカゲソウすなわちスズランのごときは東京附近に栽培するものよりも北海道に自生するものの方が遥かに匂いがよい。一般に花の匂いは花床、萼、花冠、雄蘂、花盤などに特殊の揮発油を貯うる細胞が発達し、花が開くとその揮発油が発散するために生ずるものである。チョウジのごときは花床と萼に揮発油が多く、クチナシ、コブシ、モクセイのごときは花冠に揮発油を貯えて匂いを発する。そしてチャの花のごときは雄蘂の基部に甜液と揮発油とを貯えて昆虫が訪れるのを誘っている。

佳良な揮発油を含んでいる花、もしくは蕾は香水などを造る原料にするのである。

第七　花時計

アサガオ、ハスなどは夜明け方に花を開き、オオマツヨイグサ、マツヨイグサ、ツキミソウ、ヨルガオなどは夕暮に花を開く。そしてスベリヒユ、マツバボタンなどは晴天の午前九時頃から花を開くのであるが、雨天には咲くはずの蕾もなまけてなかなか開かない。マツバギクなどは雨天には休んでいる。日光、温度、水湿などは花が開くのに直接の関係があるのであるが空の乾湿も多少の影響がある。また外囲の状態によって開花時刻は変わることもあるけれど、ある種の花はその開閉の時刻が大略一定しているので、それを一昼夜の時に当てはめて楽しむのも興味があることである。英国で古くから花時計と呼んでいるのは、いろいろな花の開閉時刻を一昼夜二十四時間に当てたものである。これはただ遊戯的なもので、単に花の開閉時刻には種々あることを示すくらいのものと見られる。我が国では実験的にこうした企てを試みたという話は聞かないが、ある程度までは実際に試みても面白いことであろうと思う。英国で花時計と謂《い》われるものの一つを次に掲げて参考にする。

午前	一時	ノゲシ	花　閉づ
同	二時	バラモンジン属一種	花　開く
同	三時	オックス・タング	花　開く
同	四時	キクヂシャ	花　開く
同	五時	セイヨウタンポポ	花　開く
同	六時	ヤナギタンポポ属一種	花　開く
同	七時	ルリハコベ	花　開く
同	八時	オオマツヨイグサ	花　閉づ
同	九時	パアプルビンドウィド	花　閉づ
同	十時	ノミノツヅリ属一種	花　開く
同	十一時	オオアマナ	花　開く
同	十二時	バラモンジン属一種	花　閉づ

午後	一時	スベリヒユ属一種	花開く
同	二時	ルリハコベ	花閉づ
同	三時	リュウキンカ属一種	花閉づ
同	四時	キクヂシャ	花閉づ
同	五時	ヒツジグサ属一種	花閉づ
同	六時	カワホネ属一種	花閉づ
同	七時	オオマツヨイグサ	花開く
同	八時	セイヨウタンポポ	花閉づ
同	九時	ヒロハヒルガオ	花閉づ
同	十時	パアプルビンドウィド	花開く
同	十一時	ヨルザキムシトリナデシコ	花開く
同	十二時	ハイアオイ	花開く

第八　花のさまざま

(一)　ガマの花

『古事記』には因幡の素菟《しろうさぎ》の話のところに、ガマの花のことがあり、尋常小学校の旧読本にもこの話が引いてあるが、それにはガマのホワタと記してあった。これは大した違いである。ガマの花は単性一家花で、同一花軸の末端に雄花が密生する穂があり、その雄穂に接しその下に雌花が極めて密生する穂がある。雄花は黄色で、花被が変形したと思われる三本の毛があり、三本の雄蘂の花糸は細く、葯は底着し、葯胞は二つで縦に裂ける。花粉は黄色で、『古事記』にある蒲黄というのはガマの花粉のことである。雌花は褐色で、花被の変形らしい六本の毛を具え、雌蘂は一本、柱頭は匕形に拡がっており、子房は一室で、倒下着の一卵子がその内にある。雌花の毛はいつまでも宿存して、果実が風に飛び散るのを大いに助けるものである。小学校読本のガマのホワタというのはこの毛のことであろう。

(二) ヒルムシロ

ある地方の農夫は「畑にジシバリ、田にビルモ」といって、農作の害をするものの一にビルモを挙げている。このビルモはヒルムシロのことで、田にはびこりやすいものである。花は両性花で小さく、枝の先に花軸を出して穂のように生ずる。四片の花被は淡緑色で短爪がある。雄蘂は四本、花被片に互生し、花糸なく、葯は二胞で縦裂する。花粉は淡黄色で、風媒によって授粉する。雌蘂は四個、雄蘂に互生し、花柱は極めて短く、上位子房はおのおの一室で、一方に膨らみ、倒下着の直生卵子一をおのおの蔵している。

(三) クワイ

関東地方の小供が「クワイが芽を出した、花咲きゃ開いた」と唄う。普通クワイといって食べるのは地下に生じた珠茎である。クワイの花は白色で、三尺くらいの葉がない花軸に総状もしくは円錐状に着き、単性一家花で、上の方に雄花を、下の方に雌花を生ずる。花軸には節があって、鱗状の三苞が合着して輪生する。雄花は萼片三、花弁三、雄蘂はたくさんあって花糸は分立している。花弁は円くて短爪があり、萼片と互生する。葯は二胞あって内面に縦裂する。雄蘂の基底に甜液を貯え、虫媒によって授粉する。雌花は萼片三、これに互生して円い花弁が三片ある。雌蘂は多数分立し、花柱短く、柱頭は頭のような形、子房は上位で一室、倒生卵子一個を蔵する。雌蘂の基底に甜液を貯えて昆虫を誘う。

(四) セキショウモの花

初夏の頃、里川や池の水面に風のまにまに吹き寄せられている多数の花がある。反りかえって鼎足形に立つ三片の淡緑色の花被があって、その上に三本の雄蘂があり、ただこれだけの植物かのように自由に浮いている。実はこれはセキショウモの雄花で、形は小さいけれども母体である草から全く離れて、雄花だけで花を開く奇習があるので有名である。この草は茎は泥の中にあって葉は水中に育ち、緑色で、狭い紐のような形をし、長いものは三尺くらいある。花は単性二家花で、雄花は雄本の葉腋に生ずる花梗の末端に、穂のような形をしてたくさん着いている。成熟するまでは膜質の仏焰苞に護られて水中にある。成熟すると一花一花花梗から離れて水面に浮かび出し、空気の中で花を開く。花糸は上へ伸び、葯は二胞外向きに縦列し風媒的花である。雌花は雌本の葉腋に生じ、長い花梗の先に一つだけ着き、水面に出て花を開く。花被も花柱も三個、子房は下位で一室、側膜胎座に多数の直生卵子がある。

(五) イネの花

コメは米屋で造るものと思う人を嗤《わら》う人でも、玄米はイネの果実で、白米はイネの種子の胚乳であることまで知っている人は少ない。ましてモミガラはイネの本当の果皮ではなく、果実を保護する特殊な器官で、花の時にあった稃《ふ》が成育したものであると知っている人は極めて少ない。イネは両性花で茎の頂瑞に円錐状をなして多数着生し、小穂には梗があって各一つの花を着け、頴片は二つで小さな鱗形をしている。稃はやや大きく二片あって小舟形をなし、外になる稃にはノギがあるのが普通である。稃の中に薄膜質の小さな鱗片が二枚あって、これが花被である。雄蘂は六本あって花糸は細く、稃の外に葯を出している。葯は二胞あって、花糸に丁字着をし、側面縦裂して風媒的によって自花授粉をする。雄蘂は一個で花柱は二本の羽毛のように別れている。子房は上位で一室、直立倒生卵子一個を蔵す。

（六）カサスゲの花

カサスゲは沼地に群がって生え、なかなか風致がある。葉は三、四尺の長さがあり、この葉で造った笠を菅笠という。花は単性一家花で、茎の頂部に穂をなし、雄花穂は頂端に一本あり、雌花穂はその下部の葉腋に三、四本あり、一番下にあるものはたいてい花梗をもっている。雄花は一穎片、三雄蘂で花被はなく、花糸は細く、葯は線形、ほとんど底着、二胞縦裂し、風媒によって授粉する。雌花は密なる円柱状の穂をなし、小花は一片の穎と一雌蘂とより成り、花柱は三枝に分かれて、子房は上位一室、卵子は底着倒生である。

（七）シュロの花

まっすぐに立った一本の幹の頂端に緑の扇形な大きい葉を戴くシュロの姿は一風変わっている。そして六月頃その高い頂に黄色の大きな塊ができ、小供等を驚かして「シュロのおばけ」と呼ばしむるものは、実にシュロの花である。花は単性二家花で、葉腋に多数分枝せる円錐状肉穂をなして生じ、大形の仏焰苞を数枚着けている。雄花は雄本に生じ、小花は無梗で、三片ずつ二輪層をなす花被と、六雄蘂とをもつ。花糸は分立し、葯は二胞、内向きに縦裂する。花が咲いている間は、たくさんの昆虫が集まって、虫媒によって授粉する。雌花は雌本の花穂に着き、無梗にして三片ずつ二輪層をなす花被と、一雌蘂とをもつ。子房は上位にして三室をなし、各室に一個の倒生卵子を蔵す。花柱は三本に分かれ、柱頭は乳頭のような形をしている。

（八）サトイモの花

夏の朝露を袂に払ってサトイモ畑の中を窺うと、往々にして薄暗い葉蔭に淡黄色の花を見出すことがある。高さは二尺くらいで、緑葉はなく、頂端に直立する一枚の仏焔苞をつけ、その懐の中に先の尖った肉穂がある。俗にはこれを花と呼んでいるが、本統の花は肉穂に生ずる小さな単性花で、下の方に雌花が集まり、上の方に雄花が集まって一家花をなしている。花とはいっても、これらは見劣りのするもので、仏焔苞の方がよほど花らしい感じがする。雄花は花被がなく、二雄蘂があるばかりである。二雄蘂は花糸がほとんどなく、葯が合着して、あたかも一個の雄蘂のごとく見える。そして花粉の生じない不登雄花の一団があるが、その不登雄蘂も合着している。雌花はただ一個の雌蘂だけで、花柱なく、上位子房は一室で、側膜胎座を有し、多数の倒生卵子を蔵している。開花中は仏焔苞の中に一種の匂いを発し、蠅の類を誘って特異な授粉を行うのである。

（九）ウキクサの花

「ウキクサや昨日は東今日は西」という俳句がある。そのウキクサは、単に水面に浮かんでいるクサを一括した名で、カヅノゴケ、サンショウモ、アカウキクサ、アオウキクサ、ウキクサ、ヒシ、ヒメビシなどみなウキクサたる資格がある。しかしここにいうウキクサは学術上に定められた一種の植物を指すもので、沼や流れの澄んだところの淡水に産し、緑色の小さい葉のような形をした平たいクサである。葉と茎との区別がなく、表面は緑色で、放射状の脈があり、中心は偏っている。裏面は赤紫色をして、垂れ下がった多数の根を有し、根の先端には根冠がある。またその葉のような形をしたものの縁に枝が生じ、この枝は母体から分離して一つのウキクサとなり得るもので、普通には多数のウキクサが群生している。花は微小で、両側の縁辺に隙間ができて、そのところに生ずる。単性一家花で、雄花は仏焰苞をもつ一雄蘂だけである。雄蘂には花糸があり、葯は二胞、縦裂し風媒によって授粉する。雌花は一雌蘂を有し、往々雄花と一つにつながって、両性花のように見えることがある。花柱短く、柱頭は截形をなし、上位子房は一室で、数個の半倒生卵子を蔵している。

(十) アナナスの花

アナナスは熱帯アメリカの原産で、果実をパインアップルといって食用にするため広く栽培されている。花は花軸の頂末に肉穂状に多数密生し、花穂の下には総苞状の小さな緑の葉が数片あり、花穂の上には冠の飾のように緑の葉が簇立している。花軸が花穂より抽《ひ》き出て成長し、緑葉を生ずるのは珍しいことである。小花は無梗で、宿存性鱗片状の小苞腋に生ずる。花被は宿存性で二層をなし三数出である。萼は極めて短く、〔三〕つに裂けている。花冠は三片あって基底合着をし、舌状を呈す。雄蘂は六個内向葯を有す。雌蘂一個、下位子房は三室、多数の倒生卵子を蔵す。花柱は三枝に分かれ糸のようである。種子を生ずることはほとんどないが、果実は肉質花軸の肥大成長によって大きなマツカサ形の聚合果をなす。

（十一）ミズアオイの花

夏秋の頃、田や溝瀆《こうとく》に青紫色の美しい花を見る。根は泥の中にあり、緑葉は水上に出て葉の形も愛らしい。花は五、六寸の花茎に総状をなして着生し小さな花梗がある。横向きに咲いて、上下の様子が違っている。花被は六片あって花弁のごとく、上部すなわち後面の三片は底部に暗赤色の斑点があって、花の美観を増している。雄蘂は六本、その中の一本は特に大きくて、花糸に鳥の爪のような一つの突出物がある。そして小さな昆虫の足場として具合よさそうになっている。葯は底着して二胞縦裂し、虫媒によって授粉する。雌蘂は一本あり、上位子房は三室あって各室に多数の倒生卵子を蔵する。花柱は一本で細く、柱頭は六つに浅裂している。これがすなわちミズアオイの花なのである。

(十二) イの花

野原や湿地に多い草で、緑色、円柱状の細長い茎が葉も着けずに直立し、簇生して三、四尺の高さになり、漢名は灯心草の名で知られている。それはこの草の白髄を取って、昔灯心の用に供したからである。この草は比較的丈夫なので、敷物その他の工芸品の材料とする。イともいうし、イグサともいう。花は茎の頂端に聚繖状の集団をなし、緑色の総苞をもつ。この総苞が花の集団の上に高く伸び出て、あたかも茎のごとく見えるので、花は茎の側部に集団しているように思われるのである。小花は両性花で、二片の小苞をもち、六片の花蓋は萼に似ていて褐色である。雄蘂は六本、花蓋片より短く、葯は二胞、底着して側部縦裂し、風媒によって授粉する。雌蘂は一個、上位子房は三室、各室に数個の倒生卵子を蔵する。花柱は一本、三裂し、柱頭は花の外まで出ている。

(十三) オニユリの花

夏の夜明けに庭に立って、オニユリの花の咲くさまを視《み》まもるのはまことに田園趣味の豊かなものである。五尺あまりの茎の頂末に二十数個の蕾が円錐状に着き、三つも四つもの花が競争的に蕾の先端から徐々に開きかけるさまは、三昧より起こって、世の中に輝く教えを説かんとする世尊の脣《くちびる》にも似て、神秘的な感にうたれる。花蓋は六片あって、よく開けば巻き反り、黄赤色の中に暗紫色の斑点があり、中脈は凹み、底部には小さな突起が多数にある。そして長さ三寸あまり、幅六分あまりの笹の葉形をした花蓋片はおのおの底部に甜液を分泌する。雄蘂は六本あって長く突き出て、丁字着をする内向葯を揺らぐに任せている。縦裂する葯の二胞からは暗紅色の花粉を吐く。アゲハノチョウはどこからともなく飛んできて、両蘂に足を止め、ゼンマイのような吻《ふん》を伸ばして甜液を吸い、足や腹に紅い花粉を塗りつけて、また他の花へと飛びまわる。オニユリは雄蘂早熟の虫媒花でこのアゲハノチョウは花粉輸送者の随一である。雌蘂は一本あって、柱頭は三つの頭を合わせたような形をし、粘液を分泌し、花柱は一本あって雄蘂とほとんど同じ長さである。上位子房は三室で、各室に多数の倒生卵子を二列に蔵している。オニユリは虫媒花として、昆虫を誘うためにいろいろと骨を折るけれども、その種子の成熟するものの少ないことは注意しなければならない。

(十四) リュウノヒゲの花

林の中や庭の隅々に、緑の細長い葉を簇生する草にリュウノヒゲというのがある。その葉は幅一分くらいで、長さ一尺あまり、剛からず柔らかならず、絵に画いた竜のヒゲに似ているというのでこの名がある。一名ジャノヒゲというのは戯言に近い。吾々は漫画にだって蛇のヒゲを見たことがない。しかし、この草は植物学上の属名オイオポゴンはジャノヒゲを直訳したものであるから、どこかの蛇にはヒゲがあるのかもしれない。この草は初夏の頃、緑葉の間から三、四寸の蒂《へた》を出し、その頂末に細花を総状に着ける。開花は多少一側に偏向し、紫色の花蓋片は六つあり、基底は少し合着している。ほとんど子房の上位に、雄蘂六本、花糸は葯よりも短く、葯は二胞、内向に縦裂し、虫媒によって授粉する。花柱雌蘂は一個、子房はほとんど下位にして三室、各室に一、二個の倒生卵子を蔵する。花柱は一本、雄蘂より長く、柱頭も一。そしてこの子房は花が咲いてしまうと、すぐに破滅して、ただ種子だけが完全に成育して、碧色の丸い実となる。これをネコダマといって、子供たちは竹の突鉄砲の玉にする。それは角質の胚乳を用うるのである。また女の児はこれをお手玉にして遊び、ハズミダマなどと称える。

受難の生涯を語る

第一の受難

私の長い学究生活は、いわば受難の連続で、断えず悪戦苦闘をしながら今日に来《きた》ったのであるが、まずこれを前後二つの大きい受難としてみることができる。

私は土佐の出身で、学歴をいえば小学校を中途までしか修めないのであるが、小さい時から自然に植物が好きで、田舎ながらも独学でこの方面の研究は熱心に続けていたのである。

それで明治十七年〔一八八四〕に東京へ出ると、早速知人の紹介で、大学の教室へ行ってみた。時の教授は矢田部良吉氏で、松村任三氏はその下で助教授であった。それで矢田部氏などに会ったが、何でも土佐から植物に大変熱心な人が来たというので、みなで歓迎してくれて、教室の本や標品を自由に見ることを許された。それから私は始終教室へ出かけて行っては、ひたすら植物の研究に没頭した。

その当時、日本にはまだ植物志というものがなかったので、一つこの植物志を作ってやろう――そういうのが私の素志であり目的であった。もと私の家は酒屋で、多少の財産もあり、両親には早く別れ兄弟は一人もないので、私がその家をついだので、財産は自由になるからその金で私は東京へ出たのである。で、植物志を出版するには土佐へ帰ってゆっくりやろうという考えであった。しかし植物志を作るには図を入れなければならぬが、その当時土佐には石版の印刷所がない。そこで私は一年間石版屋へはいって、石版印刷の稽古をしたのであった。それに自分で言うのも変だが、私は別に図を描くことを習ったわけではないが、生来絵心があって、自分で写生などもできる。そこで特に画家を雇うて描かせる必要もないので、まずどうにか独力でやってゆけると考えたのである。

ところが、そのうちに郷里へ帰ることがだんだん厭になって、一つ東京でこれを出版してやろうという気になり、いよいよその著述にかかった。もっとも当時は植物学が今のように発展せぬ時代だから、そんなものを出版したところで売れはしない。で出版を引受ける書店のあろうはずもないので、自費でやることを決心し、取り敢えず『日本植物志図篇』という図解を主にしたものを出版した。もちろん薄っぺらなものではあったが、連続して六冊まで出した。大学の教室へ行って、そこの書物や標品を参考にしていたことは言うまでもない。

しかるにこの時になって、矢田部博士の心が急に変わってきた。ある日、博士は私に対して、

「実は今度自分でこれこれの出版をすることになったから、以後、学校の標品や書物を見ることは遠慮してもらいたい」

こういう宣告を下された。大学からみれば、私は単なる外来者であるから、教授からこう言われてみれば、どうしようもないが私は憤慨にたえないので、矢田部博士の富士見町の私宅を訪ねて、

「今、日本には植物学者が大変少ない。だから植物学に志す者には、できるだけ便宜を与えるのが我が学界のためである。かつ先輩としては後進を引立ててくださるのが道であろうと思う。どうか私の志を諒として、今までのように教室への出入を許していただきたい」

そう言って、大いに博士を説いてみたが、博士は肯《うべな》ってはくれなかった。

私が思い切ってロシアへ行こうと決心したのは、その時である。ロシアにはマキシモウイッチという学者がいて、明治初年に函館に長くおったのであるが、この人が日本の植物を研究してその著述も大部分進んでいるということであった。私はこれまでよくこの人に標品を送って、種々名称など教えて貰っていたが、私の送る標品には大変珍しいものがあるというので、大いに歓迎してくれ、先方からは同氏の著書などを送ってよこしたりしていた。この時分には私もかなり標品を集めていたからこれを全部持って、このマキシモウイッチの許《もと》へ行き大いに同氏を助けてやろうと考えたのである。しかし、この橋渡しをし

てくれる人がないので、私は駿河台のニコライ会堂へ行って、そこの教主に事情を話してたのんだ。すると、よろしいと快諾してくれ、早速手紙をやってくれた。

しばらくすると、返事が来たが、それによると、私からの依頼が行った時、マキシモウイッチは流行性感冒に侵されて病床にあった。私の行くことを大変喜んでいたが、不幸にして間もなく死んでしまったということで、奥さんか娘さんかからの返書だったのである。それで私のロシア行きも立ち消えとなってしまった。

博士と一介書生との取組み

こんなわけで、私は独立して研究を進めるにしても、顕微鏡などの用意はないし、参考書は不自由だし、全く困ってしまった。そこで止《や》むなく農科大学の教室へ行って、図などをそこで描かせてもらっていた。日本ではじめて私の発見した食虫珍草ムジナモの写生図はそこで描いたものである。

しかし、考えてみると、大学の矢田部教授と対抗して、大いに踏ん張っていくということは、謂わば横綱と褌担《ふんどしかつ》ぎとの取組みみたようなもので、私にとっては名誉といわねばならぬ。先方は帝国大学教授理学博士矢田部良吉という歴とした人物であるが、私は無官の一書生に過ぎない。海南土佐の一男子として大いに我が意気を見すべしと、そこで私は大いに奮発して、ドシドシこの出版をつづけることにし、いままで隔月くらいに出していたのを毎月出すことにした。

植物には世界に通用する学名《サイエンチフィック・ネーム》というものがあるが、その時分にはまだ日本では新種の植物に新たにこの学名を付ける日本の学者はほとんどなかった。そこで第七冊からは私は新たにこの学名を付け始め、欧文で解説を加え、面目を新たにして出すことになった。その時親友の池野成一郎博士はいろいろ親切に私の面倒を見てくれた。

その時、今は故人となられた杉浦重剛先生に御目にかかってこの矢田部氏の一件を話すと、先生も非常に同情して下すって、

「それは矢田部君が悪い。そんなことをするなら、一つ「日本新聞」にでも書いて、懲らしてやるがよい」

「日本新聞」といえば、当時なかなか勢力のあったもので、それに先生の知人がいるということであった。それからやはり先生が関係しておられたのであろう、「亜細亜」という雑誌で矢田部の著書より私のの方が日本の植物志として先鞭をつけたものであるというようなことが載った。これも杉浦先生の御指図であったそうである。

またある時、矢田部氏の同僚である菊池大麓博士にこのことを話したところ、

「それは矢田部が怪《け》しからぬことだ」

と、私に大変同情して下すったこともある。こうした苦難の間にも、私はとにかく矢田部氏に対抗しつつ、出版をつづけて十一冊まで出した。ところが、この頃になって、郷里

の家の財産が少しく怪しくなってきた。私はこれまでの生活費だとか書籍費だとか植物採集の旅行費だとか、また出版費だとか、すべて郷里からドシドシ取寄せては費《つか》っていたので、無論そういつまでも続くはずはなかったのである。それで郷里からは一度帰って整理をしてくれといってくるので、やむなく私は明治二十四年〔一八九一〕の暮れに郷里へ帰った。

整理をすませたら、また出てきて今度は大いに矢田部氏に対抗してやる考えであった。ところが、私が郷里へ帰ったあとで、矢田部氏は急に大学を非職になってしまった。もとより私との喧嘩が原因したわけではなく、他に大いなる原因があったのであるが、とにかく当面の敵が大学を退いてみると、また多少の感慨がないこともなかった。これでまず第一の受難は終わったわけだ。

浜尾総長の深慮

次に来た受難こそ、私にとって深刻を極めたものであった。その深手を負ったその時の瘡痍《そうい》がまだ今日まで残っているものがある。

矢田部氏の後を襲《つ》いで大学の教授になったのは松村任三氏であるが、私は菊池大麓先生の推挙によってこの松村氏の下で、明治二十六年に助手としてはじめて大学の職員に列《つらな》ることになった。ちょうど郷里の財産がなくなってしまった時に、折よく給料を貰うことになったので、たいへん都合がよかったかに思われるが、実はその時の給料がたった十五円で、私のこの後の大厄もこの時にすでに兆《きざ》しているのである。

「芸が身を助けるほどの不仕合せ」ということがあるが、道楽でやっていた私の植物研究はここに至って唯一の生活手段となったのである。が、何分学歴もない一介書生の身には、大学でもそう優遇してはくれず、と言ってそれに甘んじなければならぬ私の境遇であった。

ところで、私の家庭はというと、もうその頃には妻もあるし子供も生まれるし、その上私は従来雨風を知らぬ坊ッチャン育ちであまり前後も考えないで鷹揚に財産を使いすてていたのが癖になっていて、今でも友人から「牧野は百円の金を五十円に使った人間だから——」なんて笑われるくらいで、金には全く執着のない方だったから、とても十五円くらいで生活が支えていけるはずはなく、たといごくつましくやってもとても足りない。勢い借金をせずにはいられなかった。大学に勤めておれば、またそのうちにはどうにかなるだろうとそれを頼みの綱として、借金をしながら生活したわけであるが、それでとうとう殖《ふ》えてついに二千円ほどの借金ができてしまった。

その頃の大学の総長は浜尾新氏であった。法科の教授をしていた土方寧氏は、私とは同郷の関係もあり、私の窮状にたいそう同情して、例の『植物志図篇』を持ち出し、これを浜尾さんに見せて、

「こういう書物を著したりした人だから、もう少し給料を出してやってはどうか」

こういう相談をしてくれた。浜尾さんはその書物を見て、

「これは誠に結構な仕事だ。学界のために喜ぶべきであるが、本人が困っているなら自費でやることはできなかろうから、むしろ新たに、大学で植物志を出版するように計画したがよかろう」

こういうことで、浜尾さんのお声がかりで『大日本植物志』がいよいよ大学から出版されることになった。そうなれば単なる助手と違って、私は特別の仕事を担当するので、自然給料も多く出せるから、一面は学界のためにもなり、他面には本人の窮状を救うことにもなるという浜尾さんの親切からであった。

ところで、そうなると一方私の借金の整理もしておかねばならぬというので、これも同じ郷里出身の田中光顕伯や、それに今の土方君、いまは疾《と》く故人となった友人矢野勢吉郎君などが奔走して下すって、やはり土佐から出た三菱へ話をして、ともかく三菱の本家岩崎氏の助けで、ひとまず私の借金は片づいたわけであった。

そこで肩が軽くなったので、これからうんと力を入れて、世界のどこへ出しても恥ずかしくないような素晴らしい書物を出そうという意気込みで編纂に掛かった。そしてようやく第一冊を出した。ところが端なくもここにまた私の上に大きい圧迫の手が下ることになった。

圧迫の手が下る

その前から「植物学雑誌」というのがあって、これははじめ私どもがこしらえていままでも続いているが、その雑誌へ私は日本植物の研究の結果を続々発表していた。これがどうも松村教授の気に入らなかったと見える。なお話せねばならぬことは、私が専門にしているのは分類学なので、松村氏の専門もやはり分類学で、つまり同じようなことを研究していたのである。それを私は誰憚らずドシドシ雑誌に発表したので、どうも松村氏は面白くない。つまり嫉妬であろう。ある時、

「君はあの雑誌へ盛んに出すようだが、もう少し自重して出さぬようにしたらどうだ」

松村氏からこう言われたことがある。しかし私は大学の職員として松村氏の下にこそおれ、別に教授を受けた師弟の関係があるわけではなし、氏に気兼ねをする必要も感じなかったばかりでなく、情実で学問の進歩を抑える理窟はないと、私は相変わらず盛んに我が研究の結果を発表しておった。それが非常に松村氏の忌諱《きい》にふれた。松村氏は元来好《よ》い人ではあるが、どうも少し狭量な点があって、これをたいへんに怒ってしまった。他にもなお松村氏から話し出された縁組みのことが成就しなかったので、それでも大分感情を害したことなどあり、それ以来、どうも松村氏は私に対して絶えず敵意を示されるようなことになった。ことごとに私を圧迫する。人に対って私の悪口をさえ言われるという風で、私は実に困った。これが十年二十年三十年と続いたのだから、私の苦難は一通りではなかっ

た。

何よりも私の困ったのは、給料の昇《あ》げてもらえぬことであった。浜尾さんの親切で、せっかく仕事が与えられ、したがって給料も昇げてもらうはずであったが、当の松村教授がこんなわけで、前にも記した『大日本植物志』の第一冊が出版せられても一向に給料をあげてくれない。前に述べたように一度借金の整理はしていただいたけれども、給料が昇らぬ以上依然として生活に困るのは当然である。わずか十五円、たまに昇れば二十円くらいで、子供が五人、六人となる私どもでは到底生活はできない。そのうちにはまた子供が生まれるとか病気に罹《かか》るとか死ぬるとか妻が入院するとか、失費は重なる。子供が多ければ、自然家も大きいのが必要になる。それに私は非常にたくさんの植物標品をもっていて、これがために余計な室が二つくらいもいる。書物が好きで、これもかなりもっている。そんなわけで、不相応に大きな家が必要だった。

「牧野は学校から貰うのは家賃くらいしかないのに、ああいう大きな家にいるのは贅沢だ」

そういって攻撃されたりしたが、これも贅沢どころかやむなくそうしていたのだ。こんな風でまた借金が殖《ふ》えてきた。金を借りるというても、吾々の仲間にそんな親切な人は少ないから、どうしても高い利子の金を金貸しから借りる。このために私が困ったことは、実に言うに忍びないものがある。

当時の学長は箕作佳吉先生で、松村氏が私へ対する内情をよく知っておられたので、松村氏が私を密かに罷免しようとしても、箕作先生のいる間はその陰謀が達せられなかった。ところが学長が替わって、他の科の人がなった時に、この方は私のことをよく知らないので、とうとう松村氏の言に聴いて私を罷職にしてしまった。しかしこれを聞くと、みなが承知しない。

「牧野を罷《や》めさせることはない。そんなことをしては、教室が不自由で困る。また教室の秩序も乱れる」

こう言って反対をした。それほど私は教室では重宝がられていたものと見える。この反対運動がやかましくなって、今度は私を講師ということにして、また学校へ入れることになった。以来ずっとこれが今日まで続いているわけである。

これは後の話であるが、停年制のために松村氏が学校を退いた。その時にある新聞に、

「私がどうでもやめねばならぬとすれば、牧野も罷めさせておいて、私はやめる」

松村氏の言として、こんなことが書いてあった。真か偽か知らぬが、とにかく松村氏が私に敵意を持っておったということは、なかなか深刻なもので、かつ連続的なものであった。しかし松村氏もとうとう私を自由に処分することはできないで、かえって講師にしなければならなかったというのは、全く松村氏の面目が潰れたといってよいわけになる。

逝ける妻を憶う

当時に於ける私の借金苦というものは、ほとんど極点に達していた。利息も払えないというので、財産を差押えるなどということも何度あったか知れぬ。そのため競売に附せられたことも三度か四度はある。執達吏《しったつり》の中には痛く私に同情してくれて、競売の日を延ばしたり、債権者の来ないうちに来て、債権者が来ないからと言うて他へ行ってしまい、そのために債権者が来ても執達吏がいないのでそのままになったというような便宜の所置を取ってくれたりした。

この借金苦の中にあって、家内がよくこれに耐えて対戦し、いわば内助の功を挙げてくれたことは実に非常なもので、そのために私はこれに煩わされることが少なくて、自由に研究を進めることができたのである。ある時はお産をして三日目に借金の言いわけに行ってくれたこともあった。債権者との応待のごときも、家内が一手に引き受けて、うまくこれを処理してくれた。またそういうことには、特殊の手腕のある女であった。よく債権者が喧《やかま》しく言ってきて、「利息も払わぬというは怪《け》しからぬじゃないか」と、プンプン怒っている。そういう場合、家内は巧みにこれに応対して、はじめは怒っていたものも、しまいには、「それはお気の毒だ、相済まなかった」と言って、みな笑顔をつくって帰るという風で、その間の家内の苦心は並大抵ではなかった。それにたくさんの子供があり、乳飲児を抱いているというありさまで、ない金を遣り繰りしながら、愚痴一つもこぼさず、いわば私に内顧の憂を抱かせなかったということは、偏えに家内の手柄といわねばならぬ。不幸にして、一生を安楽な思いもせず好い衣服も着ず、芝居なども滅多に観に行かず、温泉などへも一度も行かず、昭和三年〔一九二八〕五十六歳でこの世を去ったけれど、この家内の心づくしは、いまもって犇々《ひしひし》と胸にこたえている。私は妻の死ぬる少し前に笹の新種に「スヱ子笹」の和名と Sasa Suekoana, Makino. の学名とを付けて発表し、記念として妻の名を永久に世界に遺してやった。そして亡き我が妻への手向けとして「世の中のあらんかぎりやすゑ子笹」と、妻の墓碑へ刻しておいた。スヱ子は妻の名である。

私はこうして苦しむには苦しんだけれども、決してへこたれはしなかった。時非にしてこの苦しみありといえども、他日また大いに雄飛する時が来るであろう。今こそ大いに知識を内に蓄えて後日の準備をしなければならぬ――こう考えたので、私は債鬼門に群がるも一向平気で、研究のために没頭したのである。右の手で貧乏と戦いながら、左の手で研究を進めたのである。いま考えると、この時分がもっとも研究のできた時だと思う。私が後に学位を貰った論文も、実はその時にできたもので、人のすすめで、古いものでもいいというから、この時の論文を提出したのであるが、学位を貰った時より二十年も昔に論文はできていたのである。

ことに私の仕合せであったのは、我が体が健康であったということである。夜も三時四時、あるいは徹夜をするという風で、それが今でも習慣になって、夜寝るのはいつも一時か二時、時には三時までも起きている。いまだって用事が重なると徹夜もする。こんなわけで、私は盛んに標品も作った。標品を作るのだって、一人でやる。昼は一日駈けずりまわって、それを始末していると夜が明ける。そんな風で決して屈しなかった。この標品が大正五年（一九一六）までに集まったのが、概算して約四十万個ほどもある。みな独力で集め、かつ製したものである。もちろんその後も集めているから、数は増す一方である。かように独力で苦心しただけに、植物も自然覚えられる。これも健康のお蔭で、今日私は六十八歳（本年八十三歳）になるが、やはり若い時分と少しも変わらず同じようにやっている。一生続けるつもりである。私は幸いに幼い時から酒と煙草とをのまない。それがたいへん私の気力を保持する上に関係があると信じている。昨年「眼もよい歯もよい足腰達者うんと働らこ此《この》御代に」と吟じてみた。

池長植物研究所

大学で出版しつつあった『大日本植物志』は、こうした中でされたのであるが、これが出ると、その精細な植物の記載文を見て松村氏は、文章が牛の小便のようにだらだら長いとか何とか言ってこれに非を打つという風で、私もはなはだ面白くない。そこでとうとう棄鉢《すてばち》になって四冊を出しただけで廃してしまった。もしあれが続いていたら、自分で言うのも訝《いぶか》しいが、世界に出しても恥ずかしくなく、また一面日本の誇りにもなるものができたろうと、今でも腕を撫して残念に思っている次第である。その書は大学にあるから誰でも一度見て下さい。

大正五年の頃、いよいよ困ってほとんど絶対絶命となってしまったことがある。仕方がないので、標品を西洋へでも売って一時の急を救おう——こう覚悟したのであるが、これを知った農学士の渡辺忠吾氏が大変親切に心配してくれて、この窮状を「東京朝日新聞」に出された。大切な学術上の標品が外国へ売られようとしているといって、それをひどく惜しむような記事だったが、これが大阪の「朝日新聞」に転載されて、図らずも神戸に二人の特志家が現れた。一人は久原房之助氏で、いま一人は池長孟という人である。池長氏はこの時京都帝大法科の学生だということであったが、新聞社で相談をしてくれた結果、この池長氏の好意を受けることになって、池長氏は私のために二万円だか三万円だかを投出して私の危急を救うて下された。永い間のことであり私の借金もこんな大金になっていたのである。その上、毎月の生活費を支持しなくては、また借金ができるばかりだからというので、池長氏は以後私のためにそれを月々償って下されることになった。

この時分池長氏のお父様はすでに亡くなっていられたが、この方は大変教育に熱心な人で、そのための建物が神戸の会下山公園の登り口に建ててあった。そこへ私の大正五年までの標品を持って行って、ここに池長植物研究所というのをこしらえた。いまでも私はここへ毎月行って面倒を見ることになってはいるが、いろいろの事情があっていまは池長氏からの援助は途切れ途切れになっている。しかしとにかく縁はつながっているのである。

右の時に「大阪朝日新聞」には鳥居素川氏がおり、その下に長谷川如是閑氏がいられて、私の面倒をよく見て下すった。また「東京朝日」には長谷川さんの兄さんの山本松之助氏が社会部長をしておられて、ともども私のことについて種々好意を示されたのであった。渡辺農学士は新聞に筆を執っておられたが、のち健康の関係で、房州に去り、いまは大網の農学校の校長をしておられるのである。この機会に諸氏の御好意を謝しておきたいと思う。

こういう風で、とにかく私の困厄は池長氏のために助けてもらい、爾来今日に及んで私は依然大学の講師を勤めているのである。正式に学問をしなかったばかりでなく大学を出なかった私は、まだ教授でも何でもない。しかし私は運動などしてそれを得ようとはさらさら思っていない。また給料にしても、はじめから一度もあげてくれと頼んだことはない。私はそんなことが嫌いである。それで今日私の貰っている大学の給料はわずかに大枚七十五円である（数年前久しぶりで十二円ばかり昇げてくれたとき「鼻糞と同じ太さの十二円これが偉勲のしるしなりけり」と口吟んだ）。しかも三十七年勤続の私である。たいてい給料というものは、三年なり五年なりには昇るものであるが、私は依然として前記の額で甘んじている。今日七十五円で一家が支えられようはずはないが、他はみな私が老骨に鞭打ってやっているのである。それゆえ不断はなはだ忙しい。忙しいはよいが、生活のためにこの物資を得る仕事で、私の本来の研究がどのくらい妨げられているか料り知られぬ。その点は平素非常に遺憾に思っている。私はまだ学界のために真剣に研究せねばならぬ植物を山のように持っているのに、歳月は流れ我が齢余すところ幾何《いくばく》もない。感極まって泣かんとすることがたびたびある。

いまこそ私は博士の肩書を持っている。しかし私は別に博士になりたいと思わなかった。これは友人に勧められて、退《の》っぴきならぬことになって、論文を出した結果である。私はむしろ学位などなくて、学位のある人と同じ仕事をしながら、これと対抗して相撲をとるところにこそ愉快はあるのだと思っている。学位があれば、何か大きな手柄をしても、博士だから当たり前だといわれるので、興味がない。私が学位を貰ったのは昭和二年〔一九二七〕四月であるが、その時こんな歌を作ってみた。

何の奇も何の興趣も消え失せて、平凡化せるわれの学問

学位や地位などには、私は何の執着をも感じておらぬ。ただ孜々《しし》として天性好きな植物の研究をするのが、唯一の楽しみであり、またそれが生涯の目的でもある。

終わりに大学の植物学教室等の諸君は永い間松村氏が絶えず私を圧迫しつつあった時いずれもみな私に同情して下さった。中にも五藤清太郎博士、藤井健次郎博士は、陰になり

日向になって、私を庇護して下さったので、私は衷心から感謝している。
左の都々逸は、私が数年前に作ったものだが、私の一生はこれに尽きている。

草を褥に木の根を枕、花と恋して五十年

いまでは私と花との恋は、五十年以上になったが、それでもまだ醒めそうもない。

〔補〕池長植物研究所は元来牧野植物研究所と称せねばならないものであったが、私は池長氏の好意を感謝する微意の表象としてことさらに池長氏の姓を冠してこれを池長植物研究所としたのであった。ゆえに同氏は植物の研究には何の関係もなかった。

本書は『続植物記』という書名で、一九四四年四月十日、桜井書店より刊行されたものである。本文庫版は一九四六年十二月五日刊行の訂正三版を底本とした。

文庫化にあたっては、編集部において、現在通用の漢字と現代かな遣いに改め、いくつかの漢字を平がなにひらき、句読点を整理し、あきらかな誤りと思われるものは訂正した。また本文中の〔 〕は底本での脱落などを編集部が補ったものや、編集部による注を示す。

なお、本書中には、現在の人権意識に照らして不適切ととられかねない表現があるが、執筆・刊行時の時代背景と本書の歴史的な意義に鑑みてそのままとした。読者のご理解を願いたい。

（ちくま学芸文庫編集部）

ちくま学芸文庫

花物語《はなものがたり》　続植物記《ぞくしょくぶつき》

二〇一〇年一月　十　日　第一刷発行
二〇二三年五月二十五日　第四刷発行

著　者　牧野富太郎（まきの・とみたろう）
発行者　喜入冬子
発行所　株式会社　筑摩書房
東京都台東区蔵前二―五―三　〒一一一―八七五五
電話番号　〇三―五六八七―二六〇一（代表）
装幀者　安野光雅
印刷所　株式会社精興社
製本所　株式会社積信堂

ISBN978-4-480-09272-4 C0195